Abdelaziz Hammouda

Etude au séisme des structures élastoplastiques

Abdelaziz Hammouda

Etude au séisme des structures élastoplastiques

Cas de l'oscillateur simple

Presses Académiques Francophones

Impressum / Mentions légales
Bibliografische Information der Deutschen Nationalbibliothek: Die Deutsche Nationalbibliothek verzeichnet diese Publikation in der Deutschen Nationalbibliografie; detaillierte bibliografische Daten sind im Internet über http://dnb.d-nb.de abrufbar.
Alle in diesem Buch genannten Marken und Produktnamen unterliegen warenzeichen-, marken- oder patentrechtlichem Schutz bzw. sind Warenzeichen oder eingetragene Warenzeichen der jeweiligen Inhaber. Die Wiedergabe von Marken, Produktnamen, Gebrauchsnamen, Handelsnamen, Warenbezeichnungen u.s.w. in diesem Werk berechtigt auch ohne besondere Kennzeichnung nicht zu der Annahme, dass solche Namen im Sinne der Warenzeichen- und Markenschutzgesetzgebung als frei zu betrachten wären und daher von jedermann benutzt werden dürften.

Information bibliographique publiée par la Deutsche Nationalbibliothek: La Deutsche Nationalbibliothek inscrit cette publication à la Deutsche Nationalbibliografie; des données bibliographiques détaillées sont disponibles sur internet à l'adresse http://dnb.d-nb.de.
Toutes marques et noms de produits mentionnés dans ce livre demeurent sous la protection des marques, des marques déposées et des brevets, et sont des marques ou des marques déposées de leurs détenteurs respectifs. L'utilisation des marques, noms de produits, noms communs, noms commerciaux, descriptions de produits, etc, même sans qu'ils soient mentionnés de façon particulière dans ce livre ne signifie en aucune façon que ces noms peuvent être utilisés sans restriction à l'égard de la législation pour la protection des marques et des marques déposées et pourraient donc être utilisés par quiconque.

Coverbild / Photo de couverture: www.ingimage.com

Verlag / Editeur:
Presses Académiques Francophones
ist ein Imprint der / est une marque déposée de
AV Akademikerverlag GmbH & Co. KG
Heinrich-Böcking-Str. 6-8, 66121 Saarbrücken, Deutschland / Allemagne
Email: info@presses-academiques.com

Herstellung: siehe letzte Seite /
Impression: voir la dernière page
ISBN: 978-3-8416-2120-7

Copyright / Droit d'auteur © 2013 AV Akademikerverlag GmbH & Co. KG
Alle Rechte vorbehalten. / Tous droits réservés. Saarbrücken 2013

FACULTE DES SCIENCES DE L'INGENIORAT
DEPARTEMENT DE GENIE CIVIL

INSTITUT NATIONAL DES SCIENCES
APPLIQEES DE RENNES - FRANCE

THESE EN COTUTELLE

Présentée en vue de l'obtention du diplôme de DOCTORAT en Génie Civil

THEME:

ETUDE AU SEISME DES STRUCTURES ELASTOPLASTIQUES – CAS DE L'OSCILLATEUR SIMPLE

Option : STRUCTURES

Par :
HAMMOUDA ABDELAZIZ

Mai 2009

DEDICACE

A la mémoire de mon père et de ma mère

A la mémoire de mon beau frère BIBOU

A ma femme et mes enfants

A toute ma famille, mes frères et sœurs

A mes beaux parents

A tous mes amis

A Noël CHALLAMEL

A tous ceux qui me sont chers

………...*Je dédie ce Livre.*

REMERCIEMENTS

Ce travail de recherche entre dans le cadre d'une thèse de doctorat en cotutelle entre le laboratoire de génie civil et génie mécanique (LGCGM) de l'Institut Nationale des Sciences Appliquées de Rennes (France) et l'université Badji Mokhtar de Annaba (U.B.M –Annaba, Algérie).
Après ces années, et l'aboutissement de ce travail, il m'est donné aujourd'hui de remercier tous les acteurs de cette thèse pour leurs contributions, et à qui je souhaite exprimer ma gratitude et en premier lieu :

Monsieur Christophe LANOS, Professeur à l'IUT de Rennes et chercheur au laboratoire LGCGM à l'INSA de Rennes, directeur de cette thèse, et Monsieur Bachir REDJEL, Professeur à l'UBM Annaba et co-directeur de cette thèse qui ont bien voulu encadrer ce travail dans le cadre d'une thèse en cotutelle. Je les remercie pour la confiance qu'ils m'ont témoignée, leur aide et leur suivi au cours de ces trois années. Je leur en suis très reconnaissant.

Je tiens particulièrement à exprimer ma reconnaissance à Monsieur Noël CHALLAMEL, Professeur d'universités au LIMATB Lorient, qui m'a accueilli et Co-encadré tout au long de ce travail. Je le remercie pour m'avoir donné l'occasion de travailler sur un sujet d'un tel intérêt et pour le temps qu'il a pu me consacrer. J'ai autant apprécié ses compétences scientifiques, que ses qualités humaines. Ses remarques et sa patience m'ont été d'un grand secours dans la réalisation de ce mémoire. C'est avec plaisir que je continuerai à travailler avec lui.

J'adresse mes sincères remerciements à M. Juan MARTINEZ, directeur du laboratoire LGCGM, et à M. William PRINCE, directeur du département de génie civil, à l'INSA de Rennes (France), d'avoir accepté de m'accueillir durant mes années de stage.

Merci à M. Raoul JAUBERTHIE, Maître de conférences à l'INSA de Rennes, qui était le premier à m'avoir adressé la lettre d'accueil pour effectuer mes stages à l'INSA.

Je tiens à remercier également l'ensemble des personnels du laboratoire LGCGM : Enseignants, Techniciens et les deux Secrétaires, Mme N. CHOLLET et Mme J. LE GUELLEC, pour leur contribution directe ou indirecte à la réalisation de cette thèse.

Je souhaite exprimer toute ma sympathie à mes collègues doctorants du laboratoire LGCGM.

J'adresse toute ma sympathie à tous les membres du département de génie civil de l'université de Annaba, qui de loin ou de près m'ont soutenu et encouragé.

Merci à Nourredine ARABI et Jamel ACHOURA ainsi que Mokhfi TARKALI et Boumediene BENMAZROUA, d'avoir été mes bons compagnons de route durant mes séjours de stage à l'INSA de Rennes.

Enfin, j'adresse tous mes remerciements à mes parents, à ma sœur Akila et toute sa famille pour leur soutiens durant mes absences en France, à Sofiane et Mary, à mes beaux parents, à Nabil et Amel résidant à Paris, à ma grande famille et à tous mes amis et à tous ceux ou celles qui de prés ou de loin ont contribué à mon cursus scientifique.

Enfin, aux personnes qui me sont les plus chères. Ma femme Naouel, ma petite fille Djazia et mes deux garçons Wassim et Hatem, et qui ont eu à supporter avec moi tous les hauts et les bas qui se sont succédés tout au long de cette thèse et mes fréquentes absences. Je ne peux terminer ces remerciements sans leur dire combien c'est un bonheur d'être entouré et soutenu par eux.

Au dieu tout puissant, et à tous je dis : Merci beaucoup.

Résumé : Ce travail de thèse a pour ambition d'apporter quelques éclairages sur le comportement des structures inélastiques soumises à des sollicitations périodiques de type sismique. L'étude sera retreinte à un système à un degré de liberté. L'objectif de l'étude est de dégager des zones comportementales de l'oscillateur reliées à la théorie moderne des systèmes dynamiques non linéaires. Cette étude s'intéresse donc à une loi de comportement simple élastoplastique dans un cadre dynamique : on peut ainsi parler de "Rhéologie dynamique" pour caractériser un tel oscillateur inélastique. Notre première motivation est d'analyser le comportement dynamique d'un oscillateur avec une technique utilisée dans le domaine des systèmes dynamiques non réguliers. On procède à l'étude de la stabilité et de la dynamique d'un oscillateur élastoplastique symétrique non amorti. Cette étude a permis de lier les propriétés dynamiques (cycle limite…) aux caractéristiques mécaniques (adaptation, accomodation), et un diagramme de bifurcation est mis en évidence numériquement. L'étude est enrichie par la suite par l'introduction d'un amortissement visqueux. Enfin, la dynamique d'un oscillateur élastoplastique parfait amorti et asymétrique, soumis à une excitation extérieure harmonique, est traitée. L'effet de rochet est ainsi mis en évidence. Ces analyses ont permis de proposer des recommandations qui peuvent certainement être prises en compte, comme paramètres supplémentaires, dans la philosophie de conception sismique.

Mots clés : Dynamique non-linéaire, oscillateur élastoplastique, vibrations, cycle limite, adaptation, accomodation, effet de rochet.

Abstract: The purpose of this thesis is to take into account the behavior of inelastic structures subjected to periodic loading of seismic type. The study will be limited to a system with a single degree of freedom. The aim of the study is to investigate some behavioral domains of the oscillator connected to the modern theory of the nonlinear dynamic systems. This work deals with simple elastoplastic constitutive law within a dynamic framework. The concept of "Dynamic Rheology" can be used to characterize such an inelastic oscillator. Our first motivation is to analyze the dynamic behavior of an oscillator with a method used in the field of non-smooth dynamic systems. The first stage is to study stability and dynamics of an undamped symmetrical elastoplastic oscillator. This study made it possible to link the dynamic properties (limit cycles...) with the mechanical characteristics (shakedown, alternating plasticity). A bifurcation diagram is numerically highlighted. The study is enriched thereafter by introduction of viscous damping. Finally, stability and dynamics of an asymmetrical perfectly elastoplastic oscillator, subjected to a harmonic external excitation, is treated. The ratcheting phenomenon is theoretically simulated. These analyses lead to some recommendations, in term of symmetrical property that can be taken into account in the philosophy of seismic design.

Keywords: Nonlinear dynamics, elastoplastic oscillator, vibrations, limit cycles, shakedown, alternating plasticity, ratcheting.

SOMMAIRE

Dédicace
Remerciements
Résumé/Abstract

Introduction générale   1

CHAPITRE I: ETUDE BIBLIOGRAPHIQUE   5

I.1 – Introduction   6
I.2 - Enjeu du dimensionnement sismique   6
I.3 - Rhéologie dynamique   7
PARTIE A : **Dynamiques des systèmes non linéaires**   8
I.4 - Dynamiques non linéaires   8
   I.4.1 – Introduction   8
   I.4.2 - Historique de la dynamique non linéaire   9
   I.4.3 - Dynamique des systèmes non linéaires   9
     I.4.3.1 - Systèmes dissipatifs   11
     I.4.3.2 - Nombre de degré de liberté des systèmes dynamiques   12
     I.4.3.3 - Oscillateurs, équation de Duffing   13
       I.4.3.3.1 - La maquette électronique   14
         I.4.3.3.1.1   description schématique   14
         I.4.3.3.2 - Circuit électronique   15
   I.4.4 - Analyse d'un portrait de phase   16
   I.4.5 - Etude des états d'un système dynamique   17
     I.4.5.1 - Notion de Stabilités   17
     I.4.5.2 - Notion de bifurcation   18
     I.4.5.3 - Notion de cycle limite   18
PARTIE B : **Source des non-linéarités en analyse sismique**   19
I.5 - Dynamique des structures non linéaires   19
   I.5.1 - Lois de comportement non linéaires des structures   20
   I.5.2 - Le comportement élastoplastique   21
   I.5.3 - Résumé du comportement cyclique des matériaux   23
PARTIE C : **Historique des travaux sur les oscillateurs hystérétiques**   24
I.6 - Historique des travaux sur les oscillateurs hystérétiques   24
I.7 - Conclusion du chapitre I   25

CHAPITRE II : OSCILLATEUR ELASTOPLASTIQUE SYMETRIQUE NON AMORTI   26

II.1 - Introduction   27
II.2 - Analyse de l'oscillateur élastoplastique non amorti   29
   II.2.1 – Description du système   29
   II.2.2 - Equations du mouvement   31
II.3 - Système dynamique en oscillations libres ($f_0 = 0$)   34
   II.3.1 – Etude analytique   34
   II.3.2 - Simulations numériques - Oscillations libres   37
II.4 - Oscillations forcées ($f_0 \neq 0$)   39
   II.4.1-Evolution du système dynamique   39

II.4.1.1 - Résolution de l'état élastique $\hat{E}$ 39
II.4.1.2 - Résolution des deux états plastiques $\hat{P}^+$ et $\hat{P}^-$ 39
II.4.2 - Résultats numériques et formes des cycles limites ($f_0 \neq 0$)   41
II.5 - Conclusions du chapitre II   54

CHAPITRE III : OSCILLATEUR ELASTOPLASTIQUE SYMETRIQUE AMORTI   55

III.1 - Introduction   56
III.2 - Présentation du problème   57
  III.2.1 - Analyse de l'oscillateur élastoplastique amorti   57
  III.2.2 - Le système dynamique   58
  III.2.3 - Equations du mouvement   59
III.3 - Oscillations libres ($f_0 = 0$)   62
  III.3.1 - Evolution du système dynamique   62
   III.3.1.1 - Résolution de l'état élastique $\hat{E}$ 62
   III.3.1.2 - Résolution des deux états plastiques $\hat{P}^+$ et $\hat{P}^-$ 65
   III.3.1.3 - Organigramme de calcul des temps de transition   66
  III.3.2 - Organigramme de l'évolution du système dynamique ($f_0 = 0$)   68
III.3.4 - Résultats numériques - Oscillations libres   69

III.4 - Oscillations forcées (f0 $\neq$ 0)   70
  III.4.1 - Evolution du système dynamique   70
   III.4.1.1 - Résolution de l'état élastique $\hat{E}$ 70
   III.4.1.2 - Résolution des deux états plastiques $\hat{P}^+$ et $\hat{P}^-$ 72
  III.4.2 - Organigramme de l'évolution du système dynamique ($f_0 \neq 0$)   73
  III.4.3 - Temps de transition τ_{i+1} 74
  III.4.4 - Résultats numériques et Formes des cycles limites   75
   III.4.4.1 - Adaptation élastoplastique   76
   III.4.4.2 – Accomodation   77
III.5 - Etude générale de la stabilité   80
  III.5.1 - Analyse de la stabilité du cycle limite en adaptation   80
  III.5.2 - Analyse de la stabilité des cycles limites en accomodation   84
   III.5.2.1 - Analyse de la stabilité des orbites (1,2) -périodiques symétriques   84
   III.5.2.2 - Détermination du coefficient R pour l'analyse de stabilité   87
III.6 - Méthode de Newton-Raphson   90
III.7 - Conclusions générales du chapitre III   92

CHAPITRE IV : OSCILLATEUR ELASTOPLASTIQUE ASYMETRIQUE AMORTI   93

IV.1 - Introduction   94
IV.2 - Analyse de l'oscillateur élastoplastique amorti   96
  IV.2.1 - Le système physique   96
  IV.2.2 - Le système dynamique   98
  IV.2.3 - Equations du mouvement   98
IV.3 - Equivalence avec un chargement asymétrique   100

IV.4 - Vibrations forcées **102**
IV.5 - Analyse numérique de l'oscillateur périodiquement forcé **104**
IV.6 - Analyse de stabilité de l'orbite (1,2)-périodique **109**
   IV.6.1 - Détermination du coefficient R pour l'analyse de stabilité **112**
   IV.6.2 - Taux de divergence $\bar{u}$ de l'effet de rochet **115**
   IV.6.3 - Comparaison entre la configuration symétrique et asymétrique **120**
IV.7 - Conclusions générales du chapitre IV **122**

CONCLUSION GENERALE & PERSPECTIVES   **123**

BIBLIOGRAPHIE   **129**

LISTES DES FIGURES   **135**

INTRODUCTION GENERALE

Introduction générale

Le dimensionnement de structures du génie civil au séisme se base généralement sur une approche quasi statique équivalente, menée à partir d'une analyse modale élastique (EUROCODE 8 ou Règlement Parasismique Algérien – RPA 2003 –). La non linéarité matérielle peut-être prise en compte au travers d'un coefficient global de comportement qui traduit l'aptitude de la structure à se déformer dans le domaine inélastique. Ce coefficient cache néanmoins des insuffisances fortes latentes dans la compréhension de ce type de systèmes. Pour certaines applications, liées à des formes de bâtiments spécifiques ou en présence d'irrégularités dans la distribution des inerties et des raideurs notamment, pour les structures fortement dissymétriques, les hypothèses habituelles de calcul spectral sont manifestement inadéquates.

Dans ce cas, moyennant une certaine complexité des modèles, il est nécessaire de faire des calculs numériques, en passant par un calcul dynamique non linéaire, thème de ce travail.

La dynamique des systèmes non linéaires est un sujet en réalité difficile lié au caractère hystérétique de ce type de comportement (qui dépend de l'histoire du matériau). Le sujet de thèse a pour ambition d'apporter quelques éclairages sur le comportement des structures inélastiques soumises à des sollicitations périodiques de type sismique. L'étude sera retreinte à un système à un degré de liberté. L'objectif de l'étude est de dégager des zones comportementales de l'oscillateur reliées à la théorie moderne des systèmes dynamiques non linéaires. En particulier, il s'agira de montrer comment l'accommodation qui apparaît pour certains paramètres du système se traduit en termes de propriétés du système dynamique.

Cette étude s'intéresse donc à une loi de comportement simple élastoplastique dans un cadre dynamique : on peut ainsi parler de "Rhéologie dynamique" pour caractériser un tel oscillateur inélastique.

Notre première motivation est d'analyser le comportement dynamique d'un oscillateur avec une technique utilisée dans le domaine des systèmes dynamiques non réguliers (voir Awrejcewicz et Lamarque, 2003).

Ce mémoire est organisé en 4 chapitres suivis d'une conclusion générale :
Le chapitre I a pour objectif de faire une brève synthèse bibliographique, pour une meilleure compréhension du thème de la thèse. L'étude bibliographique a été scindée en trois parties distinctes :
- **Partie A**: Dynamiques des systèmes non linéaires.
- **Partie B**: Source des non linéarités en analyse sismique.
- **Partie C**: Historique des travaux sur les oscillateurs hystérétiques.

Le travail présenté dans cette thèse étant de nature déterministe, nous n'abordons pas dans la thèse, le calcul stochastique (probabiliste) qui prend un essor tout particulier ces dernières années et qui commence à connaître des développements prometteurs dans le domaine sismique. Le choix retenu dans cette thèse est clairement de se positionner dans un cadre déterministe, en concentrant la complexité du problème dans la loi de comportement et en admettant que la sollicitation périodique est déterministe. Dans ce chapitre nous nous consacrons à la dynamique des systèmes non linéaires déterministes, systèmes dont la non linéarité est une non linéarité matérielle.

Le chapitre II traite de stabilité et de dynamique d'un oscillateur élastoplastique parfait symétrique, non amorti, sollicité par une pulsation harmonique. Ce modèle générique peut être utile pour comprendre le comportement sismique de structures, et pour montrer finalement la relation entre des propriétés dynamiques et les propriétés mécaniques, en utilisant un système à un seul degré de liberté.

Le chapitre III traite des questions de stabilité et de dynamique d'un oscillateur élastoplastique parfait symétrique, amorti, sollicité par une pulsation harmonique. La vibration libre du système amorti est étudiée, et la stabilité asymptotique du point origine est montrée dans le nouvel espace des phases. La vibration forcée d'un tel oscillateur est traitée par approche numérique, en utilisant la méthode de localisation des temps de transition. Une analyse de stabilité des solutions périodiques est alors proposée, à partir d'une méthode de perturbations. La frontière entre l'adaptation et l'accomodation est donnée sous une forme analytique.

On montrera finalement que le système hystérétique amorti est caractérisé par ses propriétés dynamiques. Les simulations numériques, basées sur la méthode des temps de transition, vont confirmer les résultats annoncés théoriquement.

Le chapitre IV traite de stabilité et de dynamique d'un oscillateur élastoplastique parfait asymétrique, amorti, sollicité par une pulsation harmonique. La stabilité des cycles limites est analytiquement examinée avec une approche de perturbation. La frontière entre l'accomodation et l'effet de rochet est trouvée et est similaire à celle système symétrique. On montre aussi que le taux de divergence est fortement lié à l'asymétrie interne de l'oscillateur.

Enfin, nous terminons ce travail par une conclusion générale qui fait le point sur les différents résultats trouvés, avant d'esquisser des perspectives à envisager par la suite.

CHAPITRE I
ETUDE BIBLIOGRAPHIQUE

I.1 – Introduction
I.2 – Enjeu du dimensionnement sismique
I.3 – Rhéologie dynamique
PARTIE A : Dynamiques des systèmes non linéaires
I.4 – Dynamiques non linéaires
  I.4.1 - Introduction
  I.4.2 - Historique de la dynamique non linéaire
  I.4.3 - Dynamique des systèmes non linéaires
    I.4.3.1 - Systèmes dissipatifs
    I.4.3.2 - Nombre de degré de liberté des systèmes dynamiques
    I.4.3.3 - Oscillateurs, équation de Duffing
      I.4.3.3.1.1 - Description schématique
      I.4.3.3.1.2 - Circuit électronique
  I.4.4 - Analyse d'un portrait de phase
  I.4.5 - Etude des états d'un système dynamique
    I.4.5.1 - Notions de Stabilités
    I.4.5.2 - Notion de bifurcation
    I.4.5.3 - Notion de cycle limite
PARTIE B : Source des non-linéarités en analyse sismique
I.5 – Dynamique des structures non linéaires
  I.5.1 – Lois de comportement non linéaires des structures
  I.5.2 – Le comportement élastoplastique
  I.5.3 – Résumé du comportement cyclique des matériaux
PARTIE C : Historique des travaux sur les oscillateurs hystérétiques
I.6 – Historique des travaux sur les oscillateurs hystérétiques
I.7 – Conclusion du chapitre I

I.1 - Introduction

La compréhension du comportement des structures sous charges dynamiques progresse rapidement suite au développement des études expérimentales, notamment celles sur table vibrante (Fumagalli, 1984) et aussi suite au développement du calcul informatique. Le rôle fondamental de la dissipation d'énergie, fortement reliée à la notion de ductilité (la capacité de déformation d'un élément de la structure au-delà de sa limite élastique ou sa déformation inélastique) a été mis en évidence. La dissipation d'énergie, sous chargement cyclique, se traduit par des boucles d'hystérésis.

I.2 - Enjeu du dimensionnement sismique

Le dimensionnement de structures du génie civil au séisme se base généralement sur une approche quasi statique équivalente, menée à partir d'une analyse modale élastique (EUROCODE 8 ou règlement parasismique Algérien –RPA 2003-). La non linéarité matérielle peut-être prise en compte au travers d'un coefficient global de comportement qui traduit l'aptitude de la structure à se déformer dans le domaine inélastique. Ce coefficient cache néanmoins des insuffisances fortes latentes dans la compréhension de ce type de systèmes.

Pour certaines applications, les hypothèses habituelles de calcul spectral sont manifestement inadéquates. Il en est ainsi, par exemple :
- des ouvrages ayant des grandes dimensions en plan, pour lesquelles on ne peut plus admettre une excitation en phases de tous les points du sol sous la fondation ;
- des ouvrages ayant des fondations massives sur un sol déformable ; l'hypothèse d'un encastrement parfait doit alors être abandonnée ;
- des ouvrages comportant des dispositifs amortisseurs localisés, dont les matrices d'amortissement ont une structure qui ne permet plus de supposer que les modes peuvent être découplés.

Dans ces cas, il est possible moyennant certaines complications des modèles, de faire des calculs représentatifs de la réalité, soit en conservant la définition spectrale du mouvement, soit en passant à un calcul non linéaire ou dynamique des systèmes non linéaires, thème de notre travail, bien sur appliqué à la dynamique des structures.

La dynamique des systèmes non linéaires est un sujet en réalité difficile lié au caractère hystérétique de ce type de comportement (qui dépend de l'histoire du matériau). Le sujet de thèse a pour ambition d'apporter quelques éclairages sur le comportement des structures inélastiques soumises à des sollicitations périodiques de type sismique. L'étude sera retreinte à un système à un degré de liberté. L'objectif de l'étude est de dégager des zones comportementales de l'oscillateur reliées à la théorie moderne des systèmes dynamiques non linéaires. En particulier, il s'agira de montrer comment l'accommodation qui apparaît pour certains paramètres du système se traduit en termes de propriétés du système dynamique.

I.3 - Rhéologie dynamique

Cette étude s'intéresse donc à une loi de comportement simple élastoplastique dans un cadre dynamique : on peut ainsi parler de 'Rhéologie dynamique' pour caractériser un tel oscillateur inélastique. On peut rappeler que la plasticité parfaite est un cas particulier de plasticité avec écrouissage. En présence d'écrouissage, la force évolue avec l'écoulement plastique, contrairement au cas plastique parfait où elle reste constante durant l'écoulement plastique (Lemaitre et al., 1990). Notre première motivation est d'analyser le comportement dynamique d'un oscillateur avec une nouvelle technique utilisée dans le domaine des systèmes dynamiques non réguliers (voir par exemple Awrejcewicz et Lamarque, 2003). Le modèle généralement utilisé pour décrire le comportement non linéaire à caractère hystérétique est le système élastoplastique bilinéaire, qui inclut le système élastoplastique parfait. Ce modèle peut être utilisé pour la compréhension du comportement au séisme de certaines structures du génie civil, comme les structures métalliques dont le comportement est inélastique. Il est préférable de réduire la structure à analyser à un nombre fini de degré de liberté. Plusieurs études ont été faites sur les oscillateurs plastiques à un degré de liberté (voir par exemple, Challamel, 2005).

Ce chapitre a pour objectif de faire une brève synthèse bibliographique, pour une meilleure compréhension du thème de notre thèse. Pour cela, nous avons préféré diviser l'étude bibliographique en trois parties distinctes :

- **Partie A**: Dynamiques des systèmes non linéaires.
- **Partie B**: Source des non linéarités en analyse sismique.
- **Partie C**: Historique des travaux sur les oscillateurs hystérétiques.

PARTIE A :

Dynamiques des systèmes non linéaires.

I.4 - Dynamiques non linéaires

I.4.1 - Introduction

Les systèmes dynamiques n'ont été étudiés en tant que tels que assez tardivement. Ils sont néanmoins apparus assez tôt dans l'histoire scientifique, puisque l'on peut les reconnaître dans les premiers travaux de la mécanique donnant lieu à des équations différentielles. Schématiquement, un tel système est la donnée d'une loi d'évolution qui, à partir de conditions initiales, détermine le futur d'un phénomène. Le paradigme en est l'équation différentielle, qui exprime une loi régissant, elle-même, l'évolution temporelle d'un phénomène convenablement paramétré. Cette loi détermine l'évolution du système lorsque les paramètres sont connus à un certain instant. Sous cette forme, le système dynamique ne peut rendre compte que d'une loi déterministe. Le calcul stochastique (linéaire ou non linéaire) commence à connaître des développements prometteurs dans le domaine sismique car il est particulièrement bien adapté au caractère aléatoire de l'excitation (Soize, 1988). Il s'agit sans doute d'une technique d'avenir, mais dont la diffusion demande encore un travail important de mise au point de méthodes et d'outils de calcul, ainsi qu'une évolution des dispositions réglementaires. Dans notre thèse nous nous consacrons à la dynamique des systèmes non linéaires déterministes, systèmes dont la non-linéarité est une non-linéarité matérielle (phénomènes de plasticité).

I.4.2 - Historique de la dynamique non linéaire

Habituellement attribuée à Henri Poincaré, à la suite de ses études sur la stabilité du système solaire, la dynamique des systèmes non linéaires est donc ancrée dans l'examen des systèmes Hamiltoniens (conservatifs) constitués de corps en interaction gravitationnelle. Précédemment, en étudiant les «anomalies» du mouvement de la lune, Urbain Le Verrier avait suspecté que la présence de termes non linéaires dans les équations du mouvement étaient susceptibles d'engendrer ce que l'on appelle aujourd'hui une sensibilité aux conditions initiales (SCI), lorsque trois corps (le soleil, la terre, la lune) interagissent (Poincaré, 1890), et qui se réfère à une propriété dynamique qui est le « chaos », des systèmes dits dissipatifs (Bergé et al, 1984 ; Thompson et al, 1986). Dans son célèbre travail sur le problème des trois corps, Poincaré introduisit de nombreux concepts qui sont encore aujourd'hui à la base de la dynamique des systèmes modernes, en particulier de l'étude des systèmes d'équations différentielles ordinaires (EDO). Poincaré insiste sur le fait que la description d'un système dynamique doit s'effectuer de manière préférentielle dans un espace, appelé espace des phases ou espace des états, précédemment introduit par Hamilton. Les coordonnées de cet espace sont formées par un ensemble complet de variables physiques indépendantes (par exemple, les positions et moments canoniques de toutes les particules constitutives). Un état du système est associé de manière biunivoque à un point de l'espace des phases, et l'évolution temporelle du système engendre une trajectoire (ou orbite) dans l'espace des phases. D'autres contributions sont ensuite dues à Birkhoff ou Lyapunov, toujours dans le cadre des systèmes conservatifs pour lesquels le théorème de Liouville, qui stipule qu'un volume de conditions initiales est conservé au cours du mouvement dans l'espace des phases, est satisfait.

I.4.3 - Dynamique des systèmes non linéaires

La dynamique des systèmes non linéaires constitue ainsi une branche de connaissance qui, désormais, n'est plus confinées aux théoriciens et ne peut plus être ignorée de l'ingénieur.
En effet, une des raisons qui doit motiver la connaissance de la dynamique des systèmes (et de la théorie des instabilités) par l'ingénieur de génie civil et que ce dernier est entraîné à calculer des solutions à un problème posé (constructions, ouvrages d'art, barrages, réacteurs chimiques…) mais qu'il est beaucoup moins sensibilisé à s'assurer de la stabilité de ces solutions sous variation de conditions initiales ou autres. En particulier, les phénomènes de bifurcation (qu'il est possible de relier à la théorie des catastrophes pour les systèmes Hamiltoniens) peuvent s'avérer également catastrophiques au sens usuel du terme. Les notions reprises de la dynamique des systèmes non linéaires peuvent participer au problème concret de la maîtrise, par l'ingénieur, des risques

d'entraînement du système au-delà de ses résistances effectives, par exemple en dynamique des structures. De ces points de vue, les notions introduites par notre thème peuvent participer au problème concret de la maîtrise des risques sismiques.

Pour rappel, nous donnons une comparaison entre systèmes linéaires et systèmes non-linéaires :

- **Systèmes linéaires**
  - régies par des équations différentielles linéaires
  - souvent: solutions analytiques (*i.e.* problèmes solvables)
  - principe de superposition
  - beaucoup de lois physiques sont des lois linéaires
  - même pour des systèmes non-linéaires, l'approximation linéaire est souvent valable pour des petites perturbations.

- **Systèmes non-linéaires**
  - régies par des équations différentielles non-linéaires (contenant des termes en x à des puissances > 1)
  - presque jamais des solutions analytiques (recours à l'analyse numérique)
  - principe de superposition non valable
  - émergence du chaos déterministe.

I.4.3.1 - Systèmes dissipatifs

Dans cette étude, nous nous intéressons à des systèmes dits dissipatifs, bien que les études hamiltoniennes (Zaslavsky, 1998) soient toujours par ailleurs d'actualité. Le trait marquant des systèmes dissipatifs est que sous l'effet de la dissipation, un volume initial de l'espace des phases tend asymptotiquement vers un objet, de volume nul, appelé attracteur. Il arrive aussi, très souvent, qu'un système dynamique évoluant à l'origine dans un espace des phases de dimension infinie finisse, sous l'effet de la dissipation, par évoluer dans un espace des phases de dimension finie, voire faible (Manneville, 1990). En conséquence, il suffit souvent d'étudier des modèles mathématiques ou physiques possédant un petit nombre de variables. Ce fait est crucial pour la pertinence de la dynamique des systèmes à l'étude de phénomènes
régis par des systèmes d'équations différentielles tels ceux rencontrés en dynamique des structures. Les attracteurs peuvent être des points fixes, des orbites périodiques (cycles limites), des orbites quasi périodiques ou des attracteurs chaotiques. Les attracteurs chaotiques sont souvent également appelés attracteurs étranges, une terminologie introduite par Ruelle et Takens (Ruelle et Takens, 1971) et (Ruelle, 1980). Le mot « chaotique » se réfère à une propriété dynamique (Grebogi et al., *1984)*, d'où la sensibilité aux conditions initiales (SCI), tandis que le mot « étrange » se réfère à des propriétés fractales. Le premier attracteur chaotique explicite (bien que le mot chaos n'ait pas été utilisé à l'époque) a été découvert par Lorenz (Lorenz, 1963). Un autre attracteur chaotique prototype, plus simple que celui de Lorenz, l'attracteur de Rössler (Rössler, 1976). Tous les deux sont engendrés par un système non linéaire de trois équations différentielles ordinaires couplées. La dimension de l'espace des phases est égale à 3. Les équations de Lorenz ne peuvent être intégrées analytiquement, une propriété partagée par l'immense majorité des systèmes non linéaires. La découverte de Lorenz résulte ainsi de l'utilisation d'ordinateurs. On assiste ensuite à de nombreuses études théoriques, souvent basées sur des expériences numériques, qui témoignent d'un renouveau des idées de H. Poincaré. Ancrée sur la dynamique hamiltonienne des interactions gravitationnelles, la dynamique des systèmes non linéaires s'est dès lors avérée pertinente dans une grande variété de domaines scientifiques (physique, chimie, biologie, écologie, économie, médecine, génie civil...).

I.4.3.2 - Nombre de degré de liberté des systèmes dynamiques

Spécifiquement, un système dynamique à temps continu, engendrant un flot, s'écrit habituellement sous la forme d'un système d'équations différentielles ordinaires (EDO) couplées :

$$\vec{\dot{x}} = \vec{F}(\vec{x}, \vec{\mu}, \varepsilon t), \; \varepsilon = 0 \; ou \; 1 \tag{I.1}$$

avec $\vec{x}$: vecteur d'état constitué de n variables dynamiques,

$\vec{\dot{x}}$: Sa dérivée par rapport à un paramètre t appelé le temps,

$\vec{\mu}$: Vecteur des paramètres de contrôle constitué de p paramètres,

$\vec{F}$: Champ de vecteur.

L'ensemble $\{x_i\}$, $i = 1...n$ est l'ensemble des variables indépendantes (coordonnées) nécessaires pour décrire le système. Le cardinal de cet ensemble est le nombre de degré de liberté. La valeur de la variable ε dans l'équation (I.1) peut prendre la valeur 0 ou 1 :

Si $\varepsilon = 0$, alors le champ de vecteurs ne dépend pas explicitement du temps et le système est dit autonome.

Si $\varepsilon = 1$, le champ de vecteurs dépend explicitement du temps, ce qui indique un forçage extérieur, et le système est dit non autonome.

Mais il est coutumier et utile de déduire un système à temps discret à partir d'un système à temps continu. En particulier, un système à temps continu à trois dimensions est réduit à un système à temps discret à deux dimensions (ou variable) seulement. Les variables d'état sont toutes les grandeurs physiques qui déterminent l'état instantané du système et qui ne sont pas constantes à priori. On les appelle aussi les variables dynamiques. L'état dynamique d'un système est un état instantané, mais c'est un état de mouvement. Il est déterminé par les valeurs de toutes les variables d'état à cet instant. Dans ce cadre, il apparaît que des comportements irréguliers ne résultent pas nécessairement de l'interaction entre un grand nombre de degré de liberté, un seul degré de liberté peut être suffisant (voir Smale, 1967).

I.4.3.3 - Oscillateurs, équation de Duffing

Un système dynamique est donc la donnée d'un vecteur d'état et d'une fonction de transition. On peut noter que la définition d'un système dynamique se réfère également à une frontière entre un « intérieur » et un « extérieur » au système. Cet extérieur qu'on appelle l'environnement du système, par exemple le cas de la force harmonique découlant du séisme, et appliquée au système en dynamique des structures. On attend classiquement de la part de l'environnement un comportement stationnaire (stimulation périodique pour force harmonique). Si l'action de l'environnement sur le système ne dépend pas du temps, le système est dit autonome. Un système qui consomme de l'énergie au cours du temps est dit dissipatif. Pour un recensement préliminaire assez large de comportement dynamiques, nous prenons l'exemple prototype d'un oscillateur régi par l'équation de Duffing L'oscillateur de Duffing fait partie des systèmes modèles qui permettent d'étudier une dynamique non linéaire (Korsch et al., 1998). Il correspond à une équation différentielle non-linéaire de la forme :

$$\ddot{x} + k\dot{x} + x^3 = f \cos \omega t \qquad (I.2)$$

Dans l'équation (I.2), le terme $k\dot{x}$ est le terme de dissipation, x^3 le terme de rappel non linéaire (ceci diffère formellement de l'équation du mouvement d'un oscillateur harmonique en régime forcé par la présence d'un terme de non linéarité), et $f \cos \omega t$ le terme de forçage. Cette équation fut établi par l'ingénieur George DUFFING (Duffing, 1918), dans le but de modéliser les vibrations forcées d'une machine industrielle. Un grand nombre de tel système correspondent à une telle modélisation, par exemple en dynamique des structures.

L'équation du second ordre (I.2), peut s'écrire sous la forme d'un système dynamique constitué d'EDO (Equations Différentielles Ordinaires), du premier ordre :

$$\begin{cases} \dot{x} = y \\ \dot{y} = -kx - x^3 + f \cos \omega t \end{cases} \qquad (I.3)$$

Ce système équivalent de deux équations différentielles du premier ordre, montre que l'on a affaire à un système <u>non autonome</u> dans un espace des phases (x, y)

Le système (I.3) peut recevoir une forme autonome :

$$\begin{cases} \dot{x} = y \\ \dot{y} = -ky - x^3 + f\cos z \\ \dot{z} = \omega \end{cases} \quad (I.4)$$

Ce système « autonome », dans lequel le temps n'apparaît pas explicitement, fait intervenir trois variables x, y et z indépendantes. Il correspond à un système à trois degrés de libertés. La représentation dans l'espace des phases du système $y(x)$ peut être considérée comme la projection des trajectoires décrites dans l'espace tridimensionnel (x, y, z)

La caractérisation topologique de l'oscillateur de Duffing correspond à une structure topologique qu'on peut synthétiser par une maquette électronique comme suit :

I.4.3.3.1 - La maquette électronique

I.4.3.3.1.1 - Description schématique

La plaquette réalise les itérations suivantes :

$$\ddot{x} \rightarrow [\int] \rightarrow \dot{x} \rightarrow [\int] \rightarrow x \rightarrow [NL] \rightarrow x^3 \quad (I.5)$$

et on reboucle sur l'entrée de manière à obtenir l'équation différentielle (I.2). L'entrée peut être excitée par une tension sinusoïdale, correspondant ainsi à un régime forcé d'oscillations.

Les tensions intermédiaires correspondant à x et $\dot{x}$ sont prélevées, et reportées en **X** et **Y** d'un oscilloscope. On visualise ainsi directement l'orbite dans l'espace des phases $(x(t), \dot{x}(t))$ de l'oscillateur. Cette modélisation en électronique analogique offre l'avantage de permettre un contrôle immédiat du terme en $\lambda\dot{x}$. Ce terme, qui correspond à la dissipation par les frottements visqueux, est un paramètre clé pour le comportement du système :

• Si λ est suffisamment grand, on peut obtenir du chaos de type dissipatif.

• Si λ est nul, on obtient du chaos de type Hamiltonien.

I.4.3.3.1.2 - Circuit électronique

Le schéma du circuit est représenté en Figure I.1, qui est une réalisation en électronique analogique d'un oscillateur de Duffing (ENS Cachan, 2001).

(a)

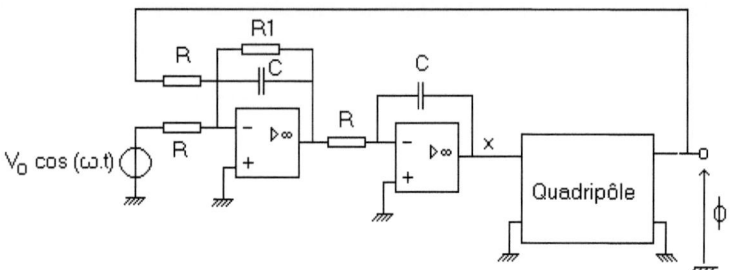

(b) Le quadripôle

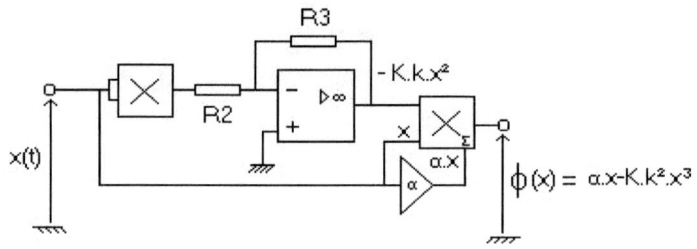

Figure I.1 – Réalisation en électronique analogique d'un oscillateur de Duffing

En fonction de la tension d'entrée $V(t) = V_0 \cos \omega t$, on peut aisément établir que l'équation différentielle satisfaite par la variable x (homogène à une tension), donnant l'évolution $x(\tilde{t})$ en fonction du temps réduit ($\tilde{t} = \omega_0 t$ et $\omega_0 = \dfrac{1}{RC}$) devient alors:

$$\frac{d^2 x}{d\tilde{t}^2} + \frac{R}{R_1} \frac{dx}{d\tilde{t}} - \alpha x + \beta x^3 = V_0 \cos \frac{\omega}{\omega_0} \tilde{t} \tag{I.6}$$

Cette équation (I.6) est formellement analogue à l'équation (I.2) de l'oscillateur de Duffing.

I.4.4 - Analyse d'un portrait de phase

Considérons un oscillateur possédant un seul degré de liberté (Figure I.2-a-), car assujetti à une trajectoire rectiligne. Le repérage de sa position se fait à l'aide d'une coordonnée (abscisse x). L'état mécanique de cet oscillateur à un instant donné est complètement déterminé par la connaissance de sa position et de sa vitesse, elles mêmes calculables à l'aide de l'équation différentielle du mouvement et des conditions initiales.

Cet état mécanique peut être représenté sur un graphe (vitesse, position), appelé "portrait de phase" dans un espace appelé " espace de phase" (Leipholz, 1970), (Figure I.2-c-).

Dans le cas présent (Figure I.2-a-) le graphe du portrait de phase est à deux dimensions, donc facilement observable, mais dans le cas d'un système à deux degrés de liberté, l'espace des phases serait de dimension 4, et pour un système à trois degrés de liberté, de dimension 6.

La lecture des coordonnées d'un point de l'espace des phases (Figure I.2-c-) donne directement la vitesse et la position du mobile. La trajectoire décrite par ce point donne l'évolution du système au cours du temps (Figure I.2-b-).

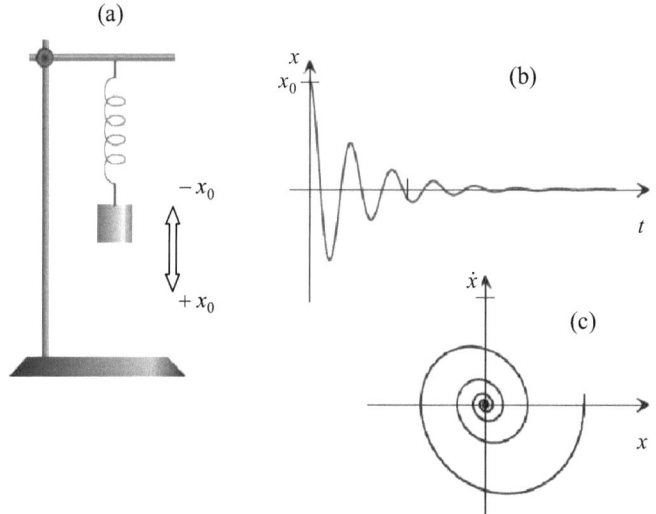

Figure I.2 - Oscillateur harmonique amorti en vibration libre.
      a- Système physique : masse -ressort
      b- Evolution temporelle des oscillations
      c- Portrait de phase $(x, \dot{x})$ de l'oscillateur harmonique.

I.4.5 - Etude des états d'un système dynamique

On appelle état de mouvement, d'un système dynamique, une solution connue de ce système différentiel.

La résolution des équations différentielles est un problème difficile. Fort heureusement, il y a deux états de mouvement remarquables très fréquents et relativement faciles à étudier :
- L'état d'équilibre;
- L'état stationnaire.

Avec la notion d'état d'équilibre et d'état de mouvement, va de paire la notion de stabilité de ces états. C'est aussi un des problèmes fondamentaux de la dynamique.

I.4.5.1 - Notions de Stabilités

Nous proposons de systématiser davantage les notions de stabilité et de bifurcations.

On dit qu'un système dynamique donné (équations sous-jacentes supposées fixées) est :
Asymptotiquement stable par rapport à un état E si toute solution proche de E tend vers E quand t ∞. L'état E est alors un attracteur, caractérisé par un bassin d'attraction formé de toutes les conditions initiales qui convergent asymptotiquement vers E.

On distingue deux types de stabilité (Thompson and al., 1986):
- Stabilité linéaire :

Le test classique de stabilité (dite linéaire) consiste à perturber E par une quantité infinitésimale δE et à examiner l'avenir asymptotique de la perturbation δE.
- Stabilité non linéaire :

La stabilité non linéaire c'est celle conditionnée par la taille de la perturbation initiale.

On distinguera la stabilité asymptotique et la stabilité structurelle (Thompson, 1986), en omettant un certain nombre de subtilités inutiles dans le présent contexte :
- La stabilité asymptotique : concerne la stabilité d'une solution dans l'espace des phases quand on perturbe les conditions initiales.
- La stabilité structurelle : concerne la stabilité d'une solution quand on perturbe les équations du système. Techniquement, on dit qu'un système est structurellement stable (robuste) si la solution obtenue en perturbant les équations du système est équivalente à la solution non perturbée.

I.4.5.2 - Notion de bifurcation

La bifurcation d' un processus de déformation signifie que, à un certain moment critique de l'histoire de sollicitation du système, plusieurs états de déformations correspondent à un seul état de contrainte. Cette notion de bifurcation correspond à une analyse de stabilité de l'équilibre. Un état de bifurcation est un point où la solution des équations mathématiques qui gouvernent le problème aux limites considérées et l'évolution du système mécanique étudié (équations d'équilibre, loi de comportement) perdent leur caractère d'unicité. Les notions de bifurcation de l'équilibre et de perte d'unicité de la solution permettent de décrire, par exemple, le changement du processus de déformation au cours du mouvement du système en vibration, pour mieux décrire les propriétés mécaniques liées à cette frontière, qu'on nomme frontière de bifurcation (Pomeau, 1980). L'apparition d'un mode de bifurcation donné dépend fortement de la grandeur de l'excitation, des hypothèses sur les propriétés rhéologiques du matériau considéré, et des conditions aux limites.

I.4.5.3 - Notion de cycle limite

Sous l'effet de non-linéarité et la combinaison de divers comportement du mouvement dynamique est engendré le cycle limite (Leipholz, 1970). Les cycles limites sont des orbites périodiques stables (Figure I.3).

Dans un espace des phases à deux dimensions, ces cycles limites sont considérés comme les seuls attracteurs possibles (Birman et al., 1983).

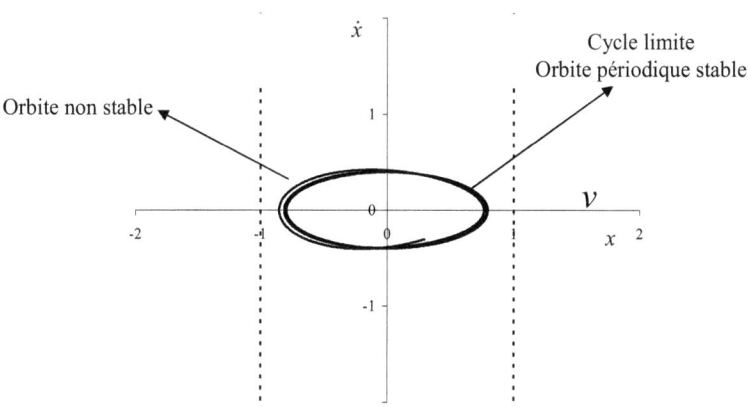

Figure I.3 – Cycle limite

PARTIE B :

Source des non linéarités en analyse sismique

I.5 - Dynamique des structures non linéaires

Les non linéarités rencontrées lors de vibrations de structure sont d'origines très diverses (Awrejcewicz et al., 2003); elles peuvent être dues soit à la géométrie, soit à la loi de comportement du matériau, etc.

On trouve classiquement la classification suivante, des non linéarités caractéristiques en vibration des structures, en trois grandes familles (Thomas et Thouverez, 2005) :

- *Non linéarités de contact* : Elles apparaissent à la jonction entre solides. Elles dépendent des phénomènes de contact, de frottement, de jeu au niveau des liaisons entre solides.

- *Non linéarité géométrique* : Elles sont liées à l'apparition de grandes amplitudes dans le comportement des structures. Comme on se trouve dans le cas de grands déplacements, la relation entre la déformation et le déplacement n'est plus linéaire.

- *Non linéarités matérielles* : Elles trouvent leur origine dans des dislocations au sein même du matériau. La relation entre la contrainte et la déformation n'est plus linéaire. On peut citer des lois de comportement inélastiques viscoélastiques non linéaires, etc.

Pour notre cas l'étude est faite pour les structures dont la non linéarité est une non linéarité matérielle avec une loi de comportement inélastique ou élastoplastique parfaite.

I.5.1 – Lois de comportement non linéaires des structures

Les lois de comportement non linéaires des matériaux peuvent être présentées par trois différents modèles de plasticité (Ahn et al., 2006):

- *Modèle viscoélastique non linéaire* (Adhikari, 2008) : Adhikari (2008) considère par exemple un terme d'amortissement hystérétique sous forme intégrale, qui vient généraliser l'amortissement visqueux classiquement introduit
- *Modèle endochronique* (Ahn et al., 2006), (Capechi et al., 2001) et (Sivaselvan et al., 2000) : La terminologie du modèle endochronique n'est pas encore universellement reconnue. Généralement ce terme est réservé pour les modèles qui suivent la théorie du temps interne de Valanis (Valanis, 1980).
- *Modèle inélastique*: dont le modèle le plus approprié est le modèle élastoplastique parfait. Le modèle élastoplastique parfait peut être décrit sous une forme très concise et adaptée au calcul numérique (Capechi et al., 2001) , en particulier dans le cas de la dynamique des structures où une augmentation de contrainte entraîne une augmentation de la déformation.

La frontière entre ces trois domaines est floue, puisque certains modèles inélastiques peuvent s'écrire sous une formulation endochronique (Erlicher et al., 2005).

I.5.2. – Le comportement élastoplastique

Le modèle élastoplastique pour le comportement des matériaux, a été initialement élaboré à partir de constatations expérimentales relatives au comportement tridimensionnel des métaux. Les domaines d'application de cette modélisation débordent maintenant ce cadre puisque l'on résout actuellement, par voies analytiques ou numériques, des problèmes d'élastoplasticité pour des applications en Mécanique des sols, en calcul des structures, etc.

Ce schéma de comportement laisse de coté, en ce qui concerne la plasticité, tout effet de vieillissement et de viscosité du matériau, cela implique les conséquences suivantes:

- Découlant classiquement de l'absence de vieillissement, invariance par translation sur la variable temps.
- Par suite d'absence de viscosité, invariance des formules exprimant le comportement par homothétie positive effectuée à chaque instant sur la variable temps.

Il en résulte de cela que le comportement élastoplastique, ne saurait dépendre explicitement ou implicitement du temps physique. La réponse du matériau à une certaine histoire de sollicitation ne dépend que de la séquence des évènements de cette histoire. Aussi fera-t-on usage, pour le comportement élastoplastique, d'un temps, paramètre purement cinématique monotone croissant en fonction du temps physique (Salençon, 1983).

Le choix du modèle inélastique ou élastoplastique, dans le cas du calcul numérique en dynamique des structures (Capechi et al., 2001), est motivé par le fait que, dans certains cas, les systèmes inélastiques peuvent se présenter comme des systèmes linéaires par morceaux (Awrejcewicz et al., 2003). Les techniques d'investigation des orbites périodiques et de leur stabilité en sont grandement simplifiées. C'est la direction que nous avons choisie dans notre étude, en étudiant les oscillateurs à comportement élastoplastique parfait symétrique (Figure I.4) et asymétrique (Figure I.5).

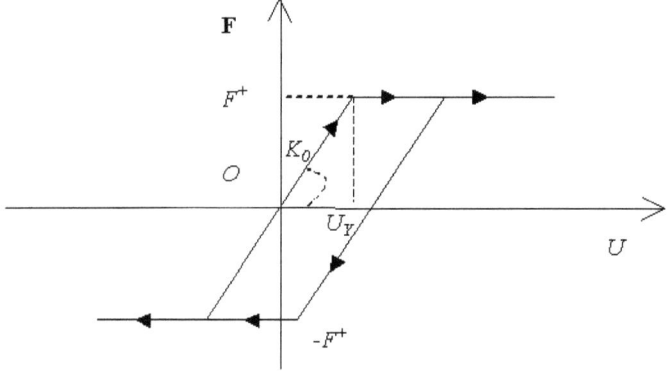

Figure I.4 – Comportement élastoplastique parfait symétrique
$$\left|F^{+}\right|=\left|-F^{+}\right|$$

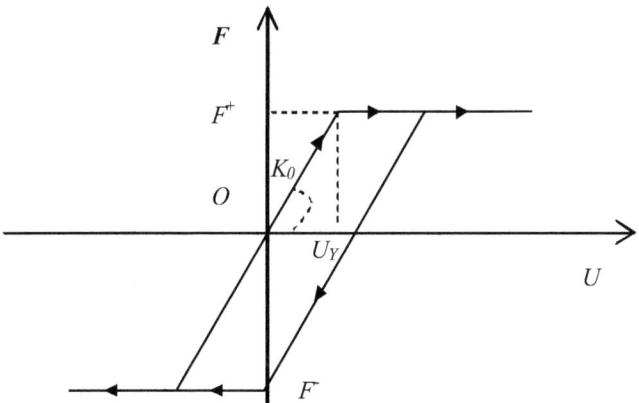

Figure I.5 – Comportement élastoplastique parfait asymétrique
$$\left|F^{+}\right|\neq\left|F^{-}\right|$$

I.5.3 - *Résumé du comportement cyclique des matériaux*

Il est possible d'observer trois modes de comportement limite dans le comportement cyclique des matériaux (Mroz et Zarka, 1978):

- *l'adaptation* où la réponse devient purement élastique (Figure I.6)
- *l'accommodation* où la déformation plastique est périodique (Figure I.7)
- *le rochet* où la déformation plastique progresse constamment, sachant que ce phénomène ne survient jamais dans un système élastique (Ahn et al., 2006)(Figure I.8).

En contrôle de déformation, il y a toujours un état limite périodique. En contrôle de charge, le rochet peut être produit pour une amplitude de contrainte donnée, même si cette amplitude, pour une contrainte moyenne faible, conduit à l'adaptation ou à l'accommodation.

Le rochet peut résulter de phénomènes plastiques instantanés, mais aussi de phénomènes visqueux différés (fluages...).

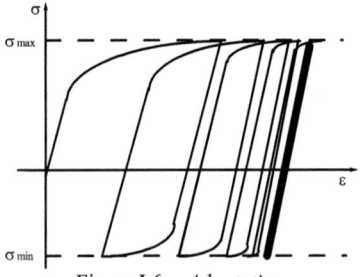

Figure I.6 - *Adaptation*

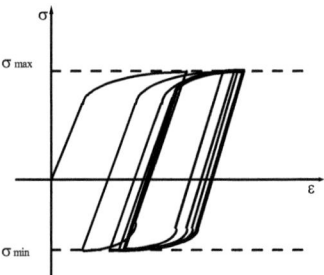

Figure I.7 - *Accommodation*

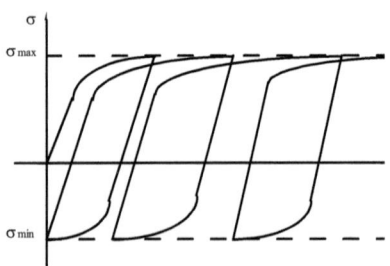

Figure I.8 - *Rochet*

PARTIE C :

Historique des travaux sur les oscillateurs hystérétiques.

I.6 - Historique des travaux sur les oscillateurs hystérètiques

Caughey (1960), est sans doute un des pionniers de l'étude analytique de l'oscillateur élastoplastique, basée sur la méthode équivalente asymptotique, pour approximer la réponse de cet oscillateur chargé par une fonction harmonique. Jacobsen (1952) et Tanabashi (1956) ont été aussi parmi les premiers investigateurs de l'étude de la réponse forcée de l'oscillateur élastoplastique à une simple impulsion. Néanmoins, Caughey (1960), qui utilisa la méthode de variation lentes des paramètres, elle meme basée sur les travaux de Kryloff-Bogoliuboff, est le premier à obtenir la réponse stationnaire pour l'oscillateur hystérétique bilinéaire non amorti soumis à une pulsation harmonique. Jennings (1963) ou Iwan (1965) ont généralisé les résultats de Caughey (1960), en considérant des modèles hystérétiques plus complexes et en ajoutant l'effet d'amortissement : le premier considéra le modèle de Ramberg-Osgood, et le deuxième étudia un modèle hystérétique appelé modèle hystérétique bilinéaire double. Plus récemment, l'étude du comportement dynamique des systèmes non linéaires (élastique non linéaire ou élastoplastique), a fait ressortir des phénomènes complexes. Shaw et Holmes (1983) et leur étude d'un oscillateur linéaire par morceaux soumis à une pulsation périodique, ont montré l'existence de mouvements harmoniques, subharmoniques et chaotiques. Miller et Butler (1988) ont considéré une nouvelle approche pour étudier la réponse à une pulsation périodique d'un oscillateur élastoplastique parfait à un degré de liberté, et ont ainsi obtenu une solution quasi exacte. Viennent ensuite les travaux sur les oscillateurs hystérétiques de Capecchi et Vestroni (1990), montrant les effets des paramètres hystérétiques sur la réponse du système. Les travaux de Pratap et Mukherje (1994) font apparaître la notion de cycle limite élastoplastique et son bassin d'attraction. La dynamique de l'oscillateur élastoplastique forcé et amorti a été étudiée par Liu et Huang (2004), qui ont obtenu une forme de solution fermée exacte de l'état d'équilibre du mouvement. Plus récemment les travaux de Challamel (2005, 2006 et 2007) sur la dynamique de structures élastoplastiques parfaite ont montré des comportements périodiques ou quasi périodiques, ainsi qu'une frontière de bifurcation séparant l'adaptation et l'accommodation.

Pour l'oscillateur élastoplastique asymétrique, la modélisation de l'effet de rochet a fait l'objet de nombreux travaux dans le domaine de la mécanique des matériaux en régime quasi-statique (voir par exemple Chaboche, 1993). L'étude de ce phénomène en régime dynamique est plus récente, comme en témoignent les publications de (Ahn *et al.*, 2006), de (Huang et Kuo, 2006) ou de (Challamel *et al.*, 2007). Cette thèse examine les conditions à remplir par un simple oscillateur asymétrique pour manifester l'effet de rochet. L'adaptation élastoplastique, qui peut se définir comme la capacité de l'oscillateur à converger vers un régime élastique stationnaire est aussi analysée.

I.7 – Conclusion du chapitre I

Cette thèse aborde des questions de stabilité et de dynamique d'un oscillateur élastoplastique parfait sollicité par une pulsation harmonique. Une analyse de stabilité des solutions périodiques est proposée, à partir d'une méthode de perturbations. L'occurrence du phénomène de rochet est discutée, du point de vue de l'analyse dynamique. Ceci à motiver le choix et l'organisation des trois parties de ce chapitre d'études bibliographiques. L'analyse sismique passe par l'étude (par le dynamique des systèmes non linéaires), au séisme (comme excitation extérieur) des structures (voir le modèle physique de l'oscillateur choisi comme modèle) élastoplastique (loi de comportement).

Chapitre II :

OSCILLATEUR ELASTOPLASTIQUE SYMETRIQUE NON AMORTI

II.1 - Introduction	31
II.2 - Analyse de l'oscillateur élastoplastique non amorti	33
II.2.1 – Description du système	34
II.2.2 - Equations du mouvement	35
II.3 - Système dynamique en oscillations libres $(f_0 = 0)$	38
II.3.1 - Simulations numériques - Oscillations libres	41
II.4 - Oscillations forcées $(f_0 \neq 0)$	43
II.4.1-Evolution du système dynamique	43
II.4.1.1 - Résolution de l'état élastique $\hat{E}$	43
II.4.1.2 - Résolution des deux états plastiques $\hat{P}^+$ et $\hat{P}^-$	43
II.4.2 - Résultats numériques et formes des cycles limites $(f_0 \neq 0)$	45
II.5 - Conclusions du chapitre II	58

II.1- Introduction

Ce chapitre II traite de stabilité et de dynamique d'un oscillateur élastoplastique parfait symétrique, non amorti, sollicité par une pulsation harmonique. Ce modèle générique peut être utile pour comprendre le comportement sismique de structures de génie civil, particulièrement dans le cas de l'inélasticité plastique (cas de structures métalliques). En utilisant des variables internes appropriées, le système hystérétique dynamique peut être écrit comme un système autonome non régulier. La vibration libre du système non linéaire est simplement réduite à un mouvement périodique. L'oscillateur harmonique forcé peut présenter des vibrations périodiques ou quasi-périodiques. Un diagramme de bifurcation est numériquement mis en évidence et des cycles limites d'elastoplasticité périodiques sont trouvés pour des paramètres structurels spécifiques. Une frontière de bifurcation sépare les phénomènes d'adaptation et d'accomodation plastique. Le comportement inélastique des structures sous l'action des charges cycliques a été récemment analysé. La conception des structures du génie civil au séisme, est aujourd'hui basée sur le contrôle de la ruine structurelle (voir Mazzolani et al, 1996; Challamel, 2003; Challamel al, 2005; Challamel et al, 2008; Challamel, 2008). En conséquence, l'inélasticité est prise en compte dans les codes modernes du calcul sismique et ce phénomène de non linéarité est clairement mis en place dans les codes européens (Voir Eurocode8) et Algérien (RPA 2003). L'une des principales propriétés qui caractérise le comportement élastoplastique, à long terme, des matériaux sous charges cycliques est l'adaptation élastique. Le phénomène d'adaptation élastique exprime le fait que la réponse mécanique du matériau puisse devenir purement élastique. Lorsque le comportement asymptotique du matériau ne peut être élastique (pas d'adaptation), l'accomodation plastique ou l'effet de rochet peuvent survenir. Bien sûr, ces deux phénomènes doivent être évités dans l'optique d'une conception technique fiable. Par exemple, l'existence de l'adaptation permet d'éviter le phénomène de fatigue sous déformations plastiques, qui survient suite à un petit nombre de cycles. C'est pourquoi l'apparition de l'adaptation a été largement étudiée dans le passé. Les théorèmes classiques de l'adaptation, attribués à Koiter (Koiter, 1960) concernent l'évolution quasi-statique des matériaux élastoplastiques. Les récents résultats dans ce domaine de la mécanique sont résumés dans le document bibliographique de (Maier et al, 2000). Très peu de travaux ont été consacrés à la compréhension de l'adaptation élastique dans un contexte dynamique.

Certains théorèmes analogues ont été obtenus par la généralisation du théorème de Koiter (voir Borino et Polizzotto, 1996). L'objet de notre travail est de relier les principales propriétés des structures élastoplastiques sous excitation périodique, aux attracteurs périodiques et au phénomène de bifurcation.

La dynamique des systèmes inélastiques est néanmoins un domaine de recherche récent, essentiellement parce que ces systèmes sont des systèmes hystérétiques: très peu de résultats sont connus pour de tels systèmes non réguliers (voir Capecchi, 1993). L'étude des oscillations libres de ces systèmes est disponible dans les livres de références (voir Minorsky, 1947). Dans ce travail, l'inélasticité est limitée à la plasticité, et on traite de la dynamique d'un oscillateur élastoplastique parfait, sollicité par une pulsation harmonique, domaine dans lequel les travaux de Caughey (Caughey, 1960) restent pionniers. La réponse dynamique de l'oscillateur, approchée par une méthode asymptotique (voir Hagedorn,1978), a été également étudiée pour les lois élastoplastiques hystérétiques générales (voir Jennings, 1964; Iwan, 1965 et Capecchi et al, 1990). Les simulations numériques ont montré des orbites sinusoïdales et non sinusoïdales, en utilisant la technique des coupes itératives (voir Miller et Butler, 1988). Les cycles limites ont été aussi mis en évidence (voir Pratap et al, 1994).

Bien que l'étude des problèmes de l'oscillateur élastoplastique sollicité par un mouvement harmonique ait été étudiée par le passé, la relation ente la théorie de l'adaptation et les propriétés dynamiques n'a pas été clairement analysée. Cette thèse donne un cadre général pour établir la théorie de l'adaptation, pour des systèmes elastoplastiques parfaits. En premier lieu, le système dynamique hystéretique est écrit comme un système non régulier autonome forcé. Il est démontré que la dimension de l'espace des phases peut être réduite au moyen de variables adaptées. Les oscillations libres de ce système non linéaire peuvent se réduire à un mouvement périodique. La vibration forcée de cet oscillateur est traitée par une approche numérique. La sensibilité du phénomène d'adaptation aux conditions initiales sera particulièrement étudiée. Un diagramme de bifurcation, frontière qui sépare l'adaptation de l'accomodation, est trouvé.

II.2 - Analyse de l'oscillateur élastoplastique non amorti

II.2.1 – Description du système

On considère le système à un seul degré de liberté (Figure II.1), système qui se compose d'une masse M qui est attachée à un ressort élastoplastique de raideur K_0. Le système inélastique est soumis à une force extérieure harmonique F(t) définie par son amplitude F_0 et sa pulsation Ω.

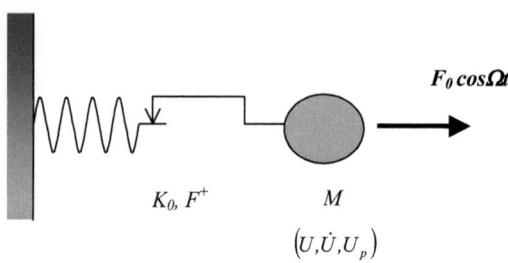

Figure II.1 – Système élastoplastique sans amortissement

Cet oscillateur (Figure II.1) se caractérise par sa position U, sa vitesse $\dot{U}$ et une variable interne plastique noté U_p, appelée le déplacement plastique.

La loi incrémentale inélastique (élastoplastique pour ce ressort inélastique) est illustrée en Figure II.2. Le modèle élastoplastique parfait ne dépend que de deux paramètres: la raideur K_0 et la force maximum F^+.

U_y est le déplacement initial élastique avec :

$$U_Y = \frac{F^+}{K_0} \qquad (II.1)$$

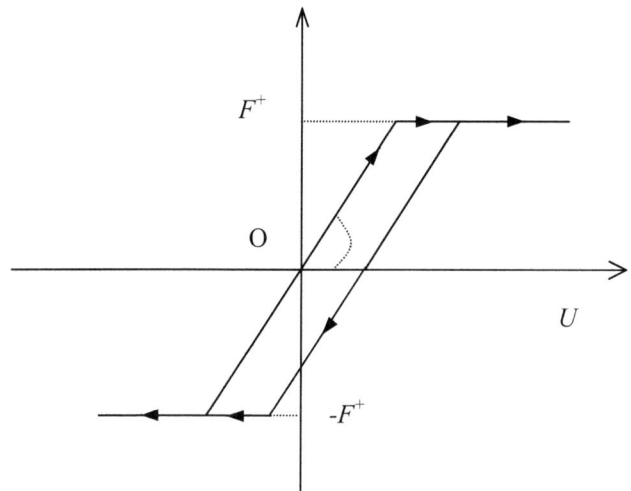

Figure II.2 - Loi incrémentale plastique pour ressort inélastique symétrique
(Comportement élastoplastique parfait)

Deux types d'états dynamiques pour l'oscillateur non amorti peuvent être distingués pour ce système inélastique. (Voir Pratap et al, 1994 ; Challamel & Pijaudier-Cabot, 2004 ; Challamel, 2005 ; Challamel & Pijaudier-Cabot, 2006).

Ces deux états correspondent à:
1- Etat élastique $\hat{E}$ (état réversible)
2 - Etat plastique $\hat{P}$ (état irréversible) associé à l'évolution du déplacement plastique:
Cet état plastique, peut être décomposé en deux sous états $\hat{P}^+$ et $\hat{P}^-$ en fonction du signe du déplacement élastique $(U - U_p)$.

II.2.2 - Equations du mouvement

Les équations du mouvement pour ce système dynamique peuvent s'écrire :

$$\left|\begin{array}{l} \text{état } \hat{E} \;:\; M\ddot{U} + K_0(U - U_p) = F(t)\,;\; \dot{U}_p = 0 \\ \text{état } \hat{P}^+ \;:\; M\ddot{U} + F^+ = F(t)\,;\; \dot{U}_P = \dot{U} \\ \text{état } \hat{P}^- \;:\; M\ddot{U} - F^+ = F(t)\,;\; \dot{U}_p = \dot{U} \end{array}\right. \qquad \text{Avec: } F(t) = F_0\,\cos\Omega t \qquad (II.2)$$

Chaque état est défini à partir d'une partition de l'espace des phases $(U, \dot{U}, U_p)$:

$$\left|\begin{array}{l} \text{état } \hat{E} \;:\; \big(|U - U_p| < U_Y\big) \text{ ou } \big[\big(|U - U_p| = U_Y\big) \text{ et } \big(\dot{U}(U - U_p) \leq 0\big)\big] \\ \text{état } \hat{P}^+ \;:\; \big(U - U_p = U_Y\big) \text{ et } \dot{U} \geq 0 \\ \text{état } \hat{P}^- \;:\; \big(U_p - U = U_Y\big) \text{ et } \dot{U} \leq 0 \end{array}\right. \qquad (II.3)$$

On reconnaît dans les équations (II.2) et (II.3), un oscillateur linéaire par morceaux (Shaw et al, 1983). La dimension de l'espace des phases peut-être réduite en introduisant les variables adéquates. On introduit les variables adimensionnelles suivantes:

$$(u, \dot{u}, u_p) = \left(\frac{U}{U_Y}, \frac{\dot{U}}{U_Y}, \frac{U_p}{U_Y}\right) \qquad (II.4)$$

La constante de temps du système dynamique est présentée comme suit:

$$t^* = \sqrt{\frac{M}{K_0}} \qquad (II.5)$$

Les nouvelles dérivées temporelles s'effectuent en fonction de la variable τ :

$$\tau = \frac{t}{t^*} \qquad (II.6)$$

Le nouveau système dynamique, à partir des variables adimensionnelles, peut s'écrire:

$$\left| \begin{array}{l} \text{état } \hat{E} \quad : \ddot{u} + (u - u_p) = f_0 \cos \omega \tau; \ \dot{u}_p = 0 \\ \text{état } \hat{P}^+ : \ddot{u} + 1 = f_0 \cos \omega \tau; \ \dot{u}_P = \dot{u} \\ \text{état } \hat{P}^- : \ddot{u} - 1 = f_0 \cos \omega \tau; \ \dot{u}_p = \dot{u} \end{array} \right. \qquad \text{Avec}: \ f_0 = \frac{F_0}{F^+} \ \text{et} \ \omega = \Omega t^* \qquad (II.7)$$

Les trois états sont définis à partir des espaces de phases $(u, \dot{u}, u_p)$ suivants:

$$\left| \begin{array}{l} \text{état } \hat{E} \quad : \left(|u - u_p| < 1\right) \text{ ou } \left[\left(|u - u_p| = 1\right) \text{et } \left(\dot{u}(u - u_p) \le 0\right)\right] \\ \text{état } \hat{P}^+ : \left(u - u_p = 1\right) \text{et } \dot{u} \ge 0 \\ \text{état } \hat{P}^- : \left(u_p - u = 1\right) \text{et } \dot{u} \le 0 \end{array} \right. \qquad (II.8)$$

La dimension de l'espace des phases peut être réduite, en introduisant le déplacement élastique, donné par la variable v :

$$v = u - u_p \qquad (II.9)$$

Le nouveau système dynamique équivalent s'écrit :

$$\left| \begin{array}{l} \text{état } \hat{E} \ : \ddot{u} = -v + f_0 \cos\omega\tau; \ \dot{v} = \dot{u} \\ \text{état } \hat{P}^+ : \ddot{u} = -1 + f_0 \cos\omega\tau; \ \dot{v} = 0 \\ \text{état } \hat{P}^- : \ddot{u} = 1 + f_0 \cos\omega\tau; \ \dot{v} = 0 \end{array} \right. \qquad (II.10)$$

Ces trois états correspondent dans le domaine des phases $(v, \dot{u})$ à :

$$\left| \begin{array}{l} \text{état } \hat{E} \ \ : (|v| < 1) \text{ ou } [(v=1) \text{ et } (\dot{u} \leq 0)] \text{ ou } [(v=-1) \text{ et } (\dot{u} \geq 0)] \\ \text{état } \hat{P}^+ : (v=1) \text{ et } \dot{u} \geq 0 \\ \text{état } \hat{P}^- : (v=-1) \text{ et } \dot{u} \leq 0 \end{array} \right. \qquad (II.11)$$

II.3 – Système dynamique en oscillations libres ($f_0 = 0$)

II.3.1 – Etude analytique

Le système dynamique, pour les oscillations libres ($f_0 = 0$), est un système autonome à deux dimensions dans l'espace des phases associé aux coordonnées $(v, \dot{u})$. Le système hystérétique est en effet converti en un système autonome, en ajoutant des variables internes. Cette même procédure est appliquée aux systèmes élastoplastiques (Savi et Pacheco, 1997).

Il a été démontré dans (Pratap et al, 1994) que de tels systèmes s'installent en oscillations élastiques périodiques avec un déplacement plastique qui n'est pas unique et dépend des conditions initiales. En d'autres termes, le phénomène d'adaptation est toujours observé pour l'oscillateur élastoplastique parfait en vibrations libres. Il peut être montré en outre qu'un cycle limite élastique est obtenu dans ce cas, en considérant un espace des phases adapté.

La notation suivante est donnée :

$$(v(\tau_i), \dot{u}(\tau_i)) = (v_i, \dot{u}_i) \quad \text{(II.12)}$$

Le temps initial τ_0 est choisi arbitrairement :

$$\tau_0 = 0 \quad \text{(II.13)}$$

Une perturbation élastique est considérée:

$$|v_0| < 1 \quad \text{(II.14)}$$

L'équation du mouvement est simplement obtenue à partir de:

$$\left| \begin{array}{l} v(\tau) = R\cos(\tau - \varphi) \\ \dot{u}(\tau) = -R\sin(\tau - \varphi) \end{array} \right. \quad \text{Avec :} \quad \left| \begin{array}{l} R = \pm\sqrt{v_0^2 + \dot{u}_0^2} \\ \varphi = a\tan\left(\dfrac{\dot{u}_0}{v_0}\right) \end{array} \right. \quad (\text{II.15})$$

A partir des équations du mouvement on peut distinguer les deux cas suivants :

- Pour des perturbations suffisamment petites, aucune phase plastique ne se produit:

$$v_0^2 + \dot{u}_0^2 \leq 1 \quad (\text{II.16})$$

- Contrairement au cas précédent, pour une perturbation suffisamment grande ($v_0^2 + \dot{u}_0^2 > 1$), le mouvement se compose d'une phase plastique transitoire.

Le temps τ_1 nécessaire pour initier cette phase plastique est calculé à partir de:

$$\left| \begin{array}{l} \dot{u}_0 < 0 \;\Rightarrow\; \left| \begin{array}{l} v_1 = -1 \\ \dot{u}_1 = -\sqrt{v_0^2 + \dot{u}_0^2 - 1} \end{array} \right. \\ \dot{u}_0 > 0 \;\Rightarrow\; \left| \begin{array}{l} v_1 = 1 \\ \dot{u}_1 = \sqrt{v_0^2 + \dot{u}_0^2 - 1} \end{array} \right. \end{array} \right. \quad (\text{II.17})$$

Les équations (II.17) sont équivalentes à :

$$\left| \begin{array}{l} \dot{u}_0 < 0 \;\Rightarrow\; \cos(\tau_1 - \varphi) = \dfrac{-1}{R(v_0, \dot{u}_0)} \\ \dot{u}_0 > 0 \;\Rightarrow\; \cos(\tau_1 - \varphi) = \dfrac{1}{R(v_0, \dot{u}_0)} \end{array} \right. \quad (\text{II.18})$$

τ_1 est calculé comme étant la plus petite solution positive de l'équation (II.18) trigonométrique.

Au cours de la phase plastique, la solution est calculée à partir de:

$$\left| \begin{array}{l} \ddot{u} = -v_1 \\ v = v_1 \end{array} \right. \qquad (II.19)$$

Le signe de v_1 dépend du signe de la perturbation initiale $\dot{u}_0$.

L'intégration des équations (II.19) conduit à la solution :

$$\left| \begin{array}{l} v(\tau) = v_1 \\ \dot{u}(\tau) = -v_1(\tau - \tau_1) + \dot{u}_1 \end{array} \right. \qquad (II.20)$$

Dans les deux cas ($v_1 = 1$) ou ($v_1 = -1$), il n'est pas difficile de montrer que $|\dot{u}|$ décroît durant la phase plastique, et s'annule pour :

$$\dot{u}(\tau) = -v_1(\tau - \tau_1) + \dot{u}_1 = 0 \qquad (II.21)$$

Le cycle limite élastique est atteint pour le temps τ_2 :

$$\tau_2 = \tau_1 + \frac{\dot{u}_1}{v_1} \qquad (II.22)$$

Les équations pour le cycle limite sont ainsi obtenues :

$$\left| \begin{array}{l} v(\tau) = v_1 \cos(\tau - \tau_2) \\ \dot{u}(\tau) = -v_1 \sin(\tau - \tau_2) \end{array} \right.$$ (II.23)

Ces équations peuvent être écrites comme suit :

$$v^2 + \dot{u}^2 = 1$$ (II.24)

II.3.2 - Simulations numériques – Oscillations libres

La figure II.3 montre la simulation du mouvement et la convergence asymptotique vers des cycles limites élastiques pour des perturbations suffisamment larges. Quand l'équation (II.16) est vérifiée (pour de petites perturbations), seulement une simple stabilité (stabilité au sens de Liapounov) du cycle limite est donnée. Le changement de comportement à l'intérieur et en dehors du cycle limite peut être associé à une semi-stabilité (même si l'origine n'est pas asymptotiquement stable dans ce cas). Néanmoins, la notion de cycle limite élastique est différente du cycle limite élastoplastique introduit par (Pratap et al, 1994) et obtenu dans le plan $(u, \dot{u})$. En fait, l'équation (II.24) généralise le cycle limite précédent de l'oscillateur élastoplastique parfait. Une représentation dans l'espace des phases $(v, \dot{u})$ est proposée en figure II.3, afin de mettre en évidence le cycle limite élastique.

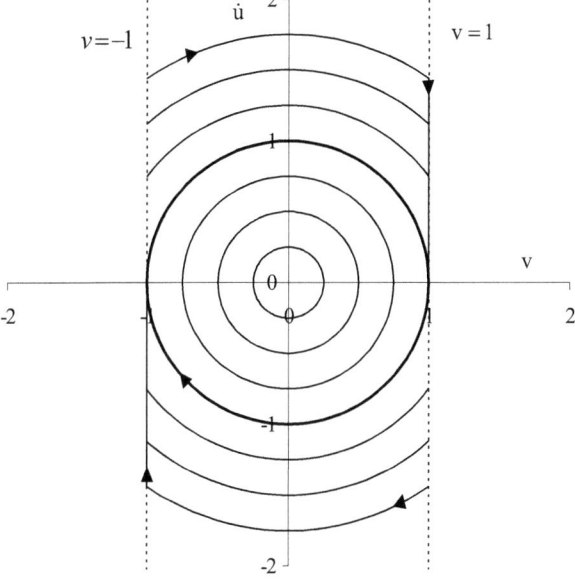

Figure II.3 – Vibrations libres $f_0 = 0$ - Cycle limite élastique
Dans l'espace des phases $(v, \dot{u})$

II.4 - Oscillations forcées ($f_0 \neq 0$)

II.4.1 - Evolution du système dynamique

L'oscillateur forcé, par une excitation périodique, peut aussi être étudié de la même manière dans le domaine des phases avec les coordonnées $(v, \dot{u}, \tau)$.

Les solutions de l'équation (III.10) sont données pour chacun des sous état $(\hat{E}, \hat{P}^+ et \hat{P}^-)$ comme montré ci-dessous avec l'évolution du système dynamique.

II.4.1.1 - Résolution de l'état élastique $\hat{E}$

La réponse dynamique pour l'état élastique $\hat{E}$ est ainsi obtenue :

$$\left| \begin{array}{l} v(\tau) = A(v_i)\cos(\tau - \tau_i) + B(\dot{u}_i)\sin(\tau - \tau_i) + \dfrac{f_0}{1-\omega^2}\cos\omega\tau \\ \dot{u}(\tau) = -A(v_i)\sin(\tau - \tau_i) + B(\dot{u}_i)\cos(\tau - \tau_i) - \dfrac{f_0\omega}{1-\omega^2}\sin\omega\tau \end{array} \right.$$

Avec : $\left| \begin{array}{l} A(v_i) = v_i - \dfrac{f_0}{1-\omega^2}\cos\omega\tau_i \\ B(\dot{u}_i) = \dot{u}_i + \dfrac{f_0\omega}{1-\omega^2}\sin\omega\tau_i \end{array} \right.$ (II.25)

III.4.1.2 - Résolution des deux états plastiques $\hat{P}^+$ et $\hat{P}^-$

La solution de l'état $\hat{P}^+$ s'écrit :

$$\left| \begin{array}{l} v(\tau) = 1 \\ \dot{u}(\tau) = -(\tau - \tau_i) + B(\dot{u}_i) + \dfrac{f_0}{\omega}\sin\omega\tau \end{array} \right. \quad \text{Avec :} \quad B(\dot{u}_i) = \dot{u}_i - \dfrac{f_0}{\omega}\sin\omega\tau_i \quad (II.26)$$

La solution de l'état $\hat{P}^-$ s'écrit:

$$\left| \begin{array}{l} v(\tau) = -1 \\ \dot{u}(\tau) = (\tau - \tau_i) + B(\dot{u}_i) + \dfrac{f_0}{\omega} \sin \omega \tau \end{array} \right. \quad \text{Avec}: \quad B(\dot{u}_i) = \dot{u}_i - \dfrac{f_0}{\omega} \sin \omega \tau_i \qquad (\text{II.27})$$

Pour retrouver les temps de transition τ_{i+1} pour chaque zone (chaque état), pour des conditions initiales spécifiées, le simulateur détermine ces temps de transition τ_{i+1} en utilisant simplement la méthode de Newton-Raphson. Ce nouveau temps τ_{i+1} est utilisé pour l'équation du mouvement dans la nouvelle zone parcourue. Cette méthode est beaucoup plus précise que les solutions numériques habituelles des équations différentielles ordinaires.

II.4.2 - Résultats numériques et formes des cycles limites ($f_0 \neq 0$)

L'étude est menée pour $\omega = 0.5$. Les conditions initiales sont fixées à $(v_0, \dot{u}_0) = (0,0)$ et le paramètre structurel f_0 a été varié. Avec ces conditions initiales, la première phase élastique est caractérisée par:

$$v(\tau) = \frac{f_0}{1-\omega^2}(\cos\omega\tau - \cos\tau) \quad \text{avec} \quad \omega = \frac{1}{2} \tag{II.28}$$

Il est facile de montrer analytiquement que:

$$|v(\tau)| < 1 \; \forall \tau > 0 \quad \Rightarrow \quad f_0 < \frac{3}{8} = 0.375 \tag{II.29}$$

Pour $f_0 \leq 0.375$, le mouvement dynamique est purement élastique: aucune phase plastique n'apparaît. Un portrait de phase typique est donné à la figure II.4. Pour $f_0 \in \,]0.375; 0.75]$, l'adaptation domine et un régime élastique stationnaire est obtenu, qui dépend des conditions initiales, ceci est montré en Figure II.5. Cet état peut être appelé courbe limite élastique et doit être distingué du cycle limite. Pour $f_0 > f_0^c = 0.375$, l'accomodation plastique est observée numériquement. Les trajectoires convergent vers un cycle limite stable, appelé cycle limite élastoplastique (voir Pratap et al, 1994). Le cycle limite en accomodation est montré à la Figure II.6. Un régime périodique est atteint après une phase transitoire, comme le montrent la Figure II.7 et la Figure II.8 pour l'évolution des variables v et $\dot{u}$. v et $\dot{u}$ ne sont manifestement pas des évolutions sinusoïdale. Le cycle limite ne dépend pas des conditions initiales, ce qui signifie que le bassin d'attraction est l'ensemble de l'espace des phases. A titre d'exemple, la figure II.6 et la figure II.9 sont deux portraits de phase obtenus avec la même

amplitude f_0 mais avec des conditions initiales différentes. Néanmoins, la valeur moyenne de u est fortement dépendante des conditions initiales (figure II.10).

u est calculé par intégration des données de $\dot{u}$. f_0^c est un paramètre de bifurcation. Deux régions de comportement sont séparées par ce paramètre critique f_0^c : ce paramètre de bifurcation dynamique est également associé à deux phénomènes distincts qui sont l'adaptation élastique et l'accomodation plastique.

La figure II.11 donne une représentation générale du phénomène de bifurcation à partir de l'analyse numérique. La frontière entre ces deux phénomènes est montrée dans le plan des deux paramètres structuraux (ω, f_0). Cette frontière ne dépend pas des conditions initiales. Il n'est pas inutile de rappeler que ω est le rapport entre la période fondamentale du séisme et la période élastique naturelle. De la Figure II.11, on remarque que la valeur de résonance élastique $w=1$ est une valeur critique. L'adaptation dans ce cas n'existe pas. Un autre point singulier est obtenu quand la valeur de ω tend vers 0. Le paramètre de bifurcation f_0 est égal à 1. De ce fait le taux de convergence vers un cycle limite dépend de la distance du paramètre structural à la frontière de bifurcation. Un mouvement quasi périodique peut être rencontré dans la zone d'adaptation, comme montré sur la Figure II.12 (état de vibrations élastiques). Il est généralement obtenu quand la valeur de ω n'est pas rationnelle ($\omega = \dfrac{\sqrt{2}}{3}$ cas de la Figure II.12).

Pour de petites valeurs de ω, les cycles limites seront non standards (figure II.13). L'évolution de u est clairement non sinusoïdale dans ce cas (Figure II.14), comme mentionné dans (Miller et Butler, 1988).

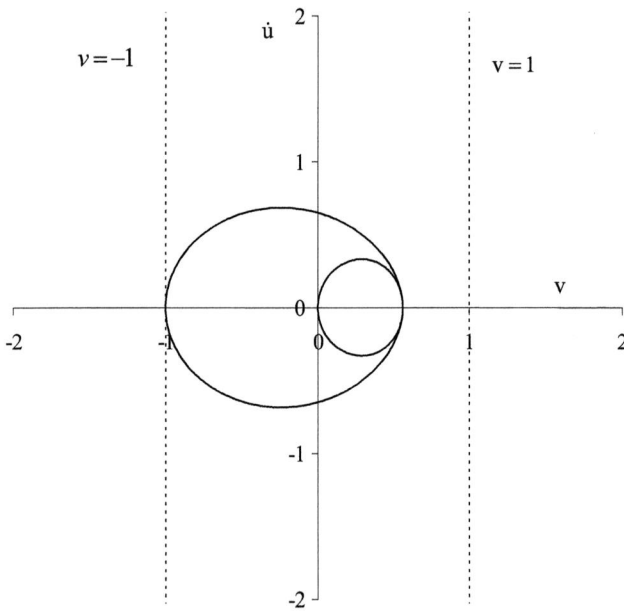

Figure II.4 – Vibrations élastiques pour $(v_0, \dot{u}_0) = (0,0)$; $\omega = 0.5$; $f_0 = 0.375$

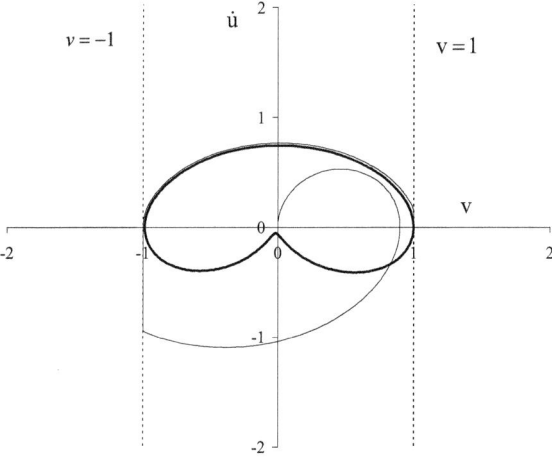

Figure II.5 – Accomodation - $(v_0, \dot{u}_0) = (0,0)$, $\omega = 0.5$, $f_0 = 0.6$

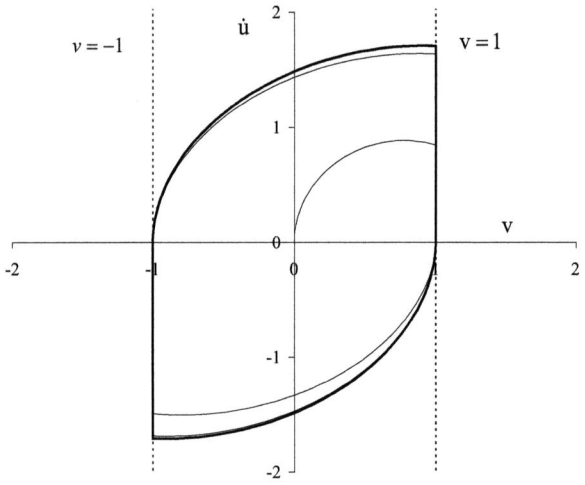

Figure II.6 – Accomodation avec cycle limite
$(v_0, \dot{u}_0) = (0,0)$ $\omega = 0.5$ $f_0 = 1$.

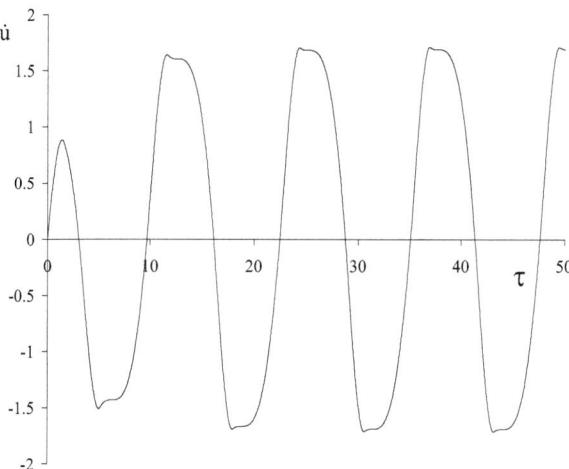

Figure II.7 – Evolution de $\dot{u}$ dans le cas de l'accomodation $(v_0, \dot{u}_0) = (0,0)$; $\omega = 0.5$; $f_0 = 1$.

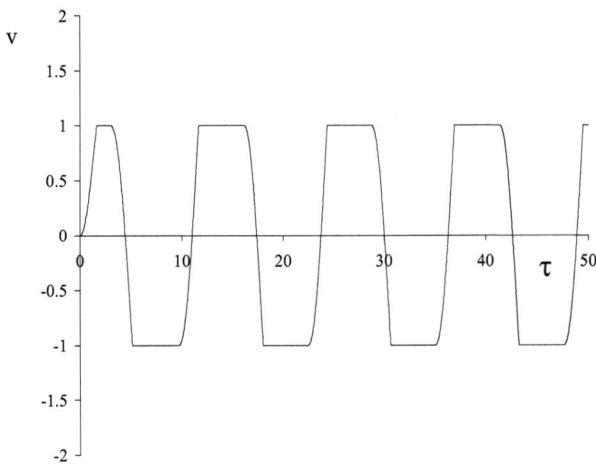

Figure II.8 – Evolution de v dans le cas de l'accomodation $(v_0, \dot{u}_0) = (0,0)$; $\omega = 0.5$; $f_0 = 1$.

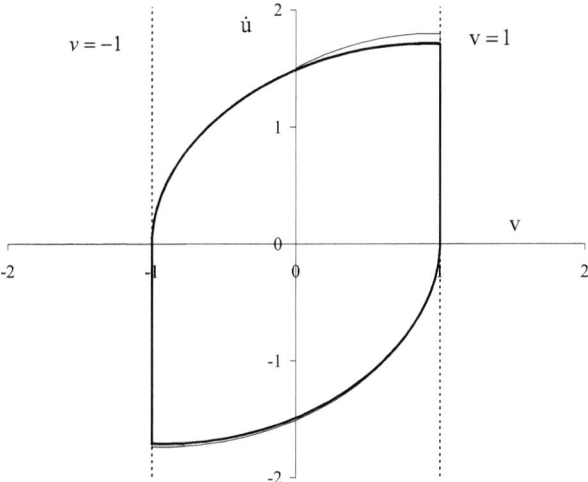

Figure II.9 – Accomodation avec convergence vers un cycle limites
$(v_0, \dot{u}_0) = (0, 1.5)$; $\omega = 0.5$; $f_0 = 1$.

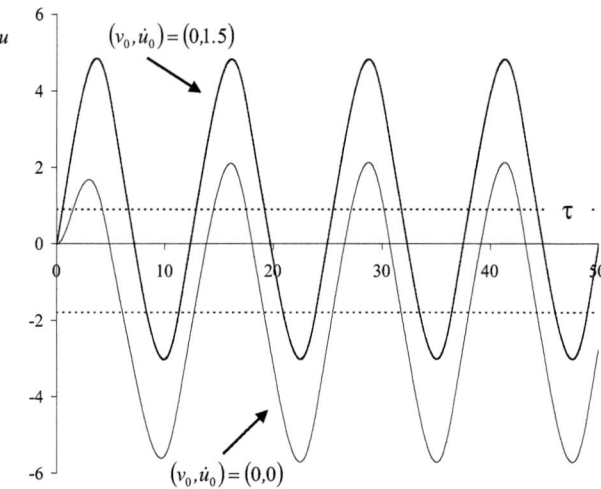

Figure II.10 – Influence des conditions initiales sur le déplacement u
$\varsigma = 0$; $\omega = 0.5$; $f_0 = 1$.

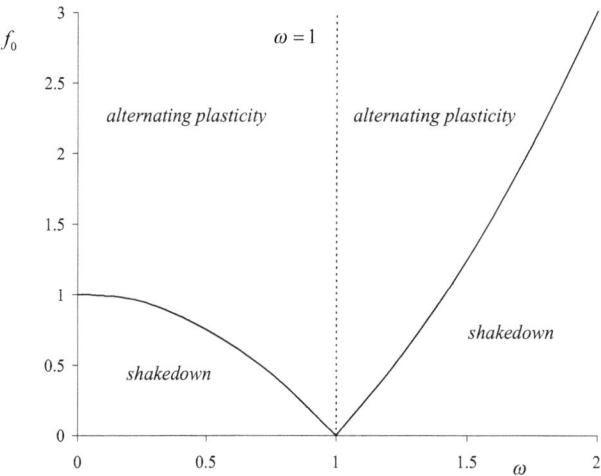

Figure II.11 – Frontière entre adaptation et accomodation dans le plan des deux paramètres structuraux (ω, f_0)

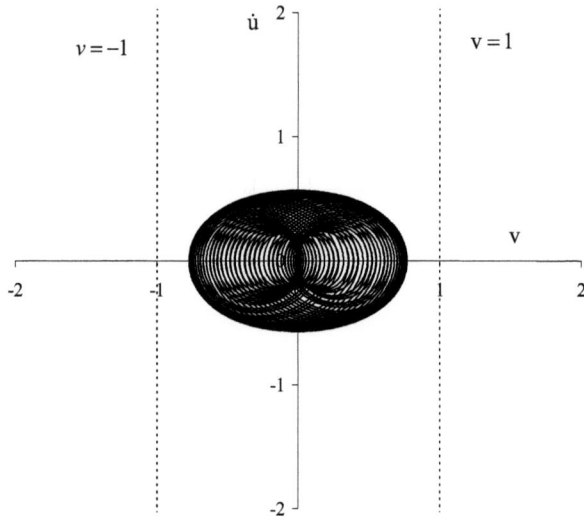

Figure II.12 – Courbes limites élastiques quasi-périodiques
$(v_0, \dot{u}_0) = (0,0)$; $\omega = \dfrac{\sqrt{2}}{3}$; $f_0 = 0.3$

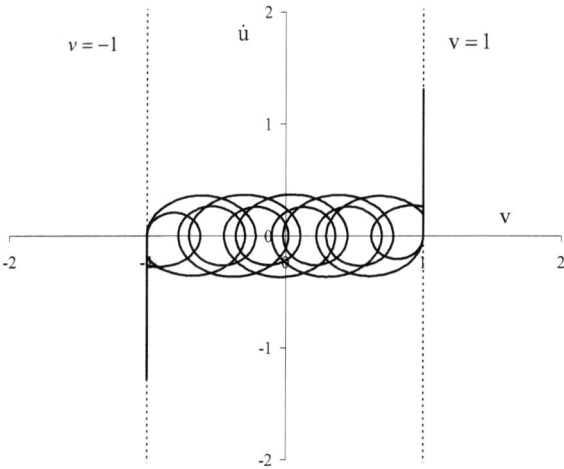

Figure II.13 – Cycles limites non-standards
$(v_0, \dot{u}_0) = (0,0)$; $\omega = 0.05$; $f_0 = 1.1$

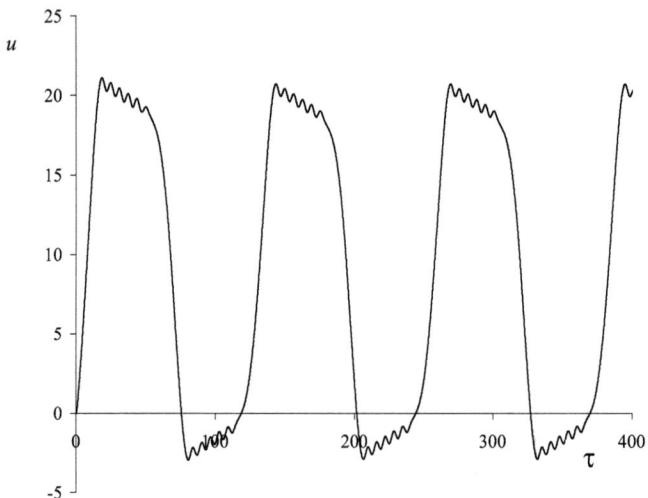

Figure II.14 – Evolution de u dans le cas des cycles limites non-standards
$(v_0, \dot{u}_0) = (0,0)$; $\omega = 0.05$; $f_0 = 1.1$

II.5 – Conclusions du chapitre II

Ce chapitre II traite de stabilité et de dynamique d'un oscillateur élastoplastique parfait symétrique, non amorti, à un seul degré de liberté sollicité par une pulsation harmonique. En utilisant des variables internes appropriées, le système hystérétique dynamique peut être écrit comme un système autonome non régulier. La vibration libre du système non linéaire est simplement réduite à un mouvement périodique (ceci contraste avec la stabilité asymptotique dans le cas de l'oscillateur amorti). Dans ce cas un cycle limite élastique est mis en évidence. Ce résultat généralise la conclusion de (Pratap et al, 1994) pour l'oscillateur élastoplastique parfait.

Le comportement de l'oscillateur élastoplastique forcé est beaucoup plus compliqué. Ces modèles peuvent être utiles pour mieux comprendre le comportement dynamique des structures en acier en zone sismique élevée. Des mouvements périodiques et quasi périodiques ont été observés numériquement. Il apparaît que, l'adaptation élastoplastique est seulement contrôlée par les paramètres structuraux des termes forcés. Un diagramme de bifurcation est mis en évidence numériquement et des cycles limites périodiques sont trouvés pour des paramètres structuraux spécifiques, pour le cas de l'accomodation. Ces cycles limites sont asymptotiquement stables. La frontière de bifurcation sépare l'adaptation (courbe limite élastique qui dépend des conditions initiales) et le phénomène de l'accomodation (cycles limites stables). En conclusion, nous sommes parvenus à lier les propriétés dynamiques (la stabilité, et autre attracteur périodique) aux propriétés mécaniques (l'adaptation élastique, et l'accomodation) en utilisant un système à un seul degré de liberté.

Cette étude peut être enrichie par l'introduction d'amortissement visqueux comme dans (Savi et Pacheco, 1997) (voir chapitre III), ainsi qu'un chargement périodique asymétrique (voir Chapitre IV). Ces paramètres peuvent être facilement ajoutés dans le modèle et sans modifier la procédure numérique.

Chapitre III :

OSCILLATEUR ELASTOPLASTIQUE SYMETRIQUE AMORTI

III.1 - Introduction	60
III.2 - Présentation du problème	61
III.2.1 - Analyse de l'oscillateur élastoplastique amorti	61
III.2.2 - Le système dynamique	62
III.2.3 - Equations du mouvement	63
III.3 - Oscillations libres ($f_0 = 0$)	66
III.3.1 - Evolution du système dynamique	66
III.3.1.1 - Résolution de l'état élastique $\hat{E}$	66
III.3.1.2 - Résolution des deux états plastiques $\hat{P}^+$ et $\hat{P}^-$	69
III.3.1.3 - Organigramme de calcul des temps de transition	70
III.3.2 - Organigramme de l'évolution du système dynamique ($f_0 = 0$)	72
III.3.4 - Résultats numériques - Oscillations libres	73
III.4 - Oscillations forcées ($f_0 \neq 0$)	74
III.4.1 - Evolution du système dynamique	74
III.4.1.1 - Résolution de l'état élastique $\hat{E}$	74
III.4.1.2 - Résolution des deux états plastiques $\hat{P}^+$ et $\hat{P}^-$	76
III.4.2 - Organigramme de l'évolution du système dynamique($f_0 \neq 0$)	77
III.4.3 - Temps de transition τ_{i+1}	78
III.4.4 - Résultats numériques et Formes des cycles limites	79
III.4.4.1 - Adaptation élastoplastique	80
III.4.4.2 – Accomodation	81
III.5 - Etude générale de la stabilité	85
III.5.1 - Analyse de la stabilité du cycle limite en adaptation	85
III.5.2 - Analyse de la stabilité des cycles limites en accomodation	89
III.5.2.1 - Analyse de la stabilité des orbites (1,2) -périodiques symétriques	91
III.5.2.2 - Détermination du coefficient R pour l'analyse de stabilité	92
III.6 - Méthode de Newton-Raphson	95
III.7 - Conclusions générales du chapitre III	97

III.1- Introduction

Ce chapitre III traite des questions de stabilité et de dynamique d'un oscillateur élastoplastique parfait symétrique, amorti, sollicité par une pulsation harmonique. Il s'agit d'étudier l'effet de l'amortissement sur le comportement dynamique de l'oscillateur élastoplastique. On montre dans la première partie que le système hystérétique s'écrit comme un système autonome forcé. Il est démontré que la dimension de l'espace des phases peut être réduite en utilisant des variables adéquates. Ensuite, la vibration libre du système amorti est étudiée, et la stabilité asymptotique du point origine est montrée dans le nouvel espace des phases. La vibration forcée d'un tel oscillateur est traitée par approche numérique, en utilisant la méthode de localisation des temps de transition (voir Shaw et Holmes, 1983), en calculant le temps de transition à partir de la méthode de Newton-Raphson. Cette méthode est considérablement plus précise que les méthodes numériques classiques des systèmes différentiels ordinaires, la seule approximation étant localisée au niveau de la détermination des temps de transition. Une analyse de stabilité des solutions périodiques est alors proposée, à partir d'une méthode de perturbations. La frontière entre l'adaptation et l'accomodation est donnée sous une forme analytique. Il a été montré que cette frontière correspondait à une frontière de bifurcation pour le système non-amorti. Elle est mise en évidence dans l'espace des paramètres structurels reliée à l'alternance entre les deux propriétés mécaniques qui sont l'adaptation et l'accomodation. Cette même frontière entre adaptation et accomodation est confrontée au résultat déjà trouvé par Liu et Huang (Liu et Huang, 2004). On montrera finalement que le système hystérétique amorti est caractérisé par ses propriétés dynamiques. Les simulations numériques, basée sur la méthode des temps de transition, vont confirmer les résultats annoncés théoriquement

III.2- Présentation du problème

III.2.1- Analyse de l'oscillateur élastoplastique amorti

On considère le système à un seul degré de liberté (Figure III.1), système qui se compose d'une masse M qui est attachée à un ressort élastoplastique de raideur K_0, et avec un coefficient d'amortissement (nécessairement positif) noté C. Le système inélastique est soumis à une force extérieure harmonique F(t) définie par son amplitude F_0 et sa pulsation Ω.

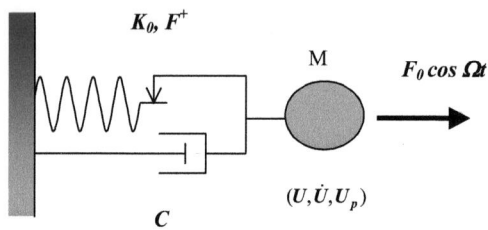

Figure III.1 - Système élastoplastique avec amortissement

Cet oscillateur (Figure III.1) se caractérise par sa position U, sa vitesse $\dot{U}$ et une variable interne plastique noté U_p, appelée le déplacement plastique.

La loi incrémentale inélastique (élastoplastique pour ce ressort inélastique) est illustrée en Figure III.2. Le modèle élastoplastique parfait ne dépend que de deux paramètres, la raideur K_0 et la force maximum F^+.

U_y est le déplacement initial élastique avec : $\quad U_y = \dfrac{F^+}{K_0} \quad$ (III.1)

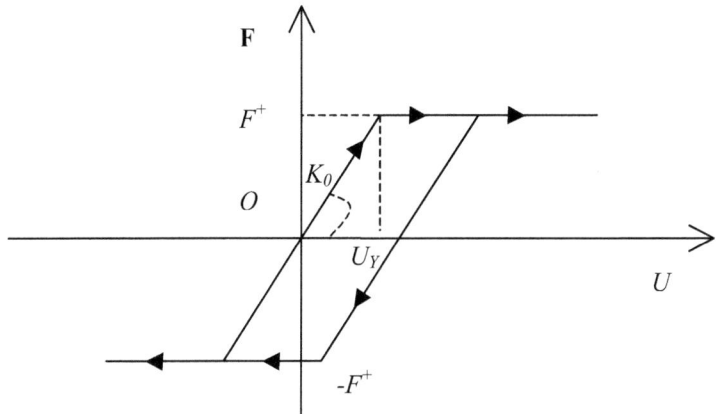

Figure III.2 - Loi incrémentale plastique pour ressort inélastique symétrique
(Comportement élastoplastique parfait)

III.2.2 - Le système dynamique

Deux types d'états dynamiques peuvent être distingués pour ce système inélastique. (Voir aussi Pratap et al, 1994 ; Challamel & Pijaudier-Cabot, 2004 ; Challamel, 2005 ; Challamel & Pijaudier-Cabot, 2006 ; Challamel & Gilles, 2007).

Ces deux états correspondent à:
1- Etat élastique $\hat{E}$ (état réversible)
2 - Etat plastique $\hat{P}$ (état irréversible) associé à l'évolution du déplacement plastique:

Cet état plastique, peut être décomposé en deux sous états $\hat{P}^+$ et $\hat{P}^-$ en fonction du signe du déplacement élastique $(U - U_p)$.

III.2.3 - Equations du mouvement

Les équations du mouvement de cet oscillateur élastoplastique amorti peuvent s'écrire :

$$\left| \begin{array}{l} \text{état } \hat{E} \; : M\ddot{U} + C\dot{U} + K_0(U - U_P) = F_0 Cos(\Omega) = F(t) \; ; \dot{U}_P = 0 \\ \text{état } \hat{P}^+ : M\ddot{U} + C\dot{U} + F^+ = F(t) \; ; \dot{U}_P = \dot{U} \\ \text{état } \hat{P}^- : M\ddot{U} + C\dot{U} + F^- = F(t) \; ; \dot{U}_P = \dot{U} \end{array} \right.$$
(III.2)

Chaque état est défini à partir d'une partition de l'espace des phases $(U, \dot{U}, U_p)$:

$$\left| \begin{array}{l} \text{état } \hat{E} \; : (|U - U_P| < U_y) \; ou \; [(|U - U_P| = U_y) \; et \; (\dot{U}(U - U_P) \leq 0)] \\ \text{état } \hat{P}^+ : (U - U_P = U_y) \; et \; \dot{U} \geq 0 \\ \text{état } \hat{P}^- : (U - U_P = -U_y) \; ou \; (U_P - U = U_y) \; et \; \dot{U} \leq 0 \end{array} \right.$$
(III.3)

La dimension de l'espace des phases peut-être réduite en introduisant les variables adéquates. On introduit les variables adimensionnelles suivantes:

$$(u, \dot{u}, u_p) = \left(\frac{U}{U_y}, \frac{\dot{U}}{U_y}, \frac{U_P}{U_y} \right)$$
(III.4)

Les nouvelles dérivées temporelles s'effectuent en fonction de la variable τ :

$$\tau = \frac{t}{t^*} \quad \text{avec} \quad t^* = \sqrt{\frac{M}{K_0}}$$
(III.5)

Les équations de mouvement Eq. (III.2) peuvent donc s'écrire à partir des variables adimensionnelles :

$$\left|\begin{array}{l} \text{état } \hat{E} \quad : \ddot{u} + \dfrac{C}{\sqrt{M.K}}\dot{u} + (u - u_p) = f_0 \cos(\omega\tau) \quad ; \dot{u}_p = 0 \\ \text{état } \hat{P}^+ \quad : \ddot{u} + \dfrac{C}{\sqrt{M.K}}\dot{u} + 1 = f_0 \cos(\omega\tau) \qquad ; \dot{u}_p = \dot{u} \quad ; f_0 = \dfrac{F_0}{F^+} \quad et \quad \omega = \Omega t^* \\ \text{état } \hat{P}^- \quad : \ddot{u} + \dfrac{C}{\sqrt{M.K}}\dot{u} - 1 = f_0 \cos(\omega\tau) \qquad ; \dot{u}_p = \dot{u} \end{array}\right. \quad (\text{III.6})$$

Les trois états sont définis à partir des espaces de phases $(u, \dot{u}, u_p)$ suivants :

$$\left|\begin{array}{l} \text{état } \hat{E} \quad : [|u - u_p| < 1 \text{ ou } [|u - u_p| = 1]) \text{ et } (\dot{u}(u - u_p) \le 0)] \\ \text{état } \hat{P}^+ \quad : (u - u_p = 1) \text{ et } \dot{u} \ge 0 \\ \text{état } \hat{P}^- \quad : (u - u_p = -1) \text{ et } \dot{u} \le 0 \end{array}\right. \quad (\text{III.7})$$

De plus, la dimension de l'espace des phases peut être réduite, en introduisant le déplacement élastique :

$$v = u - u_p \quad (\text{III.8})$$

Le taux d'amortissement réduit ζ peut être aussi introduit : $\quad \zeta = \dfrac{C}{2\sqrt{M.K}} \quad (\text{III.9})$

Ainsi, le nouveau système dynamique équivalent s'écrit :

$$\left|\begin{array}{l} \text{état } \hat{E} \quad : \ddot{u} + 2\zeta \dot{u} + (u - u_p) = f_0 \cos\omega\tau ; \dot{u}_p = 0 \\ \text{état } \hat{P}^+ \quad : \ddot{u} + 2\zeta \dot{u} + 1 = f_0 \cos\omega\tau ; \dot{u}_p = \dot{u} \\ \text{état } \hat{P}^- \quad : \ddot{u} + 2\zeta \dot{u} - 1 = f_0 \cos\omega\tau ; \dot{u}_p = \dot{u} \end{array}\right. \quad \text{Avec :} \quad \left|\begin{array}{l} f_0 = \dfrac{F_0}{F^+} \\ \omega = \Omega\sqrt{\dfrac{M}{K_0}} \\ \zeta = \dfrac{C}{2\sqrt{MK_0}} \end{array}\right. \quad (\text{III.10})$$

Ces trois états correspondent dans le domaine des phases $(v, \dot{u})$ à :

$$\left| \begin{array}{l} \text{état } \hat{E} \ : (|v|<1) \quad ou \quad [v=1 \ et \ (\dot{u} \leq 0)]) \quad ou \quad [v=-1 \quad et \quad (\dot{u} \geq 0)] \\ \text{état } \hat{P}^+ : (v=1) \quad et \quad \dot{u} \geq 0 \\ \text{état } \hat{P}^- : (v=-1) \quad et \quad \dot{u} \leq 0 \end{array} \right. \qquad (\text{III}.11)$$

III.3 - Oscillations libres $(f_0 = 0)$

III.3.1 - Evolution du système dynamique

III.3.1.1 - Résolution de l'état élastique $\hat{E}$

Le système dynamique, pour les oscillations libres, est un système autonome à deux dimensions dans l'espace des phases associé aux coordonnées $(v, \dot{u})$.

Les équations du mouvement du système dynamique libre, pour $f_0 = 0$, sont :

$$\left| \begin{array}{lll} \text{état}\hat{E} : \ddot{u}+2\zeta\dot{u}+v=0 & \dot{v}=\dot{u} & (a) \\ \text{état}\hat{P} : \ddot{u}+2\zeta\dot{u}+1=0 & \dot{v}=0 & (b) \\ \text{état}\hat{P'} : \ddot{u}+2\zeta\dot{u}-1=0 & \dot{v}=0 & (c) \end{array} \right. \quad (\text{III.12})$$

Le temps initial est choisi arbitrairement comme :

$$\tau_0 = 0 \quad (\text{III.13})$$

$\tau_0 = 0$

La réponse dynamique dans l'état élastique $\hat{E}$ est obtenue par résolution de (III.12)(a) :
En utilisant la variable $v = u - u_p$, l'équation différentielle suivante est obtenue:

$$\text{état } \hat{E} : \ddot{v} + 2\zeta \dot{v} + v = 0 \quad (\text{III.14})$$

L'équation caractéristique s'écrit :
$\lambda^2 + 2\zeta\lambda + 1 = 0$
$\Delta = 4\zeta^2 - 4 = 4(\zeta^2 - 1) = \left(2j\sqrt{1-\zeta^2}\right)^2$ avec $j^2 = -1$
qui admet pour racines :
$$\lambda_{1,2} = \frac{-2\zeta \pm 2j\sqrt{1-\zeta^2}}{2} = -\zeta \pm j\sqrt{1-\zeta^2}$$

La solution de l'équation (III.14) s'écrit donc en notation réelle :

$$v = e^{-\zeta\tau}\left[A\cos(\sqrt{1-\zeta^2}\,\tau) + B\sin(\sqrt{1-\zeta^2}\,\tau)\right] \quad (III.15)$$

Dans ce régime, on a la vitesse $\dot{u}$ qui est égale à $\dot{v}$:

$$\dot{u}(\tau) = e^{-\zeta\tau} \cdot [(-\zeta A + B\sqrt{1-\zeta^2})\cos(\sqrt{1-\zeta^2}\,\tau) + (-\zeta B - A\sqrt{1-\zeta^2})\sin(\sqrt{1-\zeta^2}\,\tau)] \quad (III.16)$$

Les conditions initiales sont choisies tel que:

$$\begin{aligned} v(\tau_0 = 0) &= v_0 \quad (1)\\ \dot{u}(\tau_0 = 0) &= \dot{u}_0 \quad (2) \end{aligned} \quad (III.17)$$

En remplaçant l'équation (III.17-1) dans l'équation (III.15), on retrouve : $v_0 = A$

En remplaçant l'équation (III.17-2) dans (III.16), on obtient:

$$\dot{u}_0 = A(-\zeta) + B\left(\sqrt{1-\zeta^2}\right)$$

On a à résoudre le système d'équation suivant, pour identifier le couple (A, B):

$$\begin{aligned} v_0 &= A \\ \dot{u}_0 &= -\zeta A + (\sqrt{1-\zeta^2})B \end{aligned} \quad (III.18)$$

Les constantes A, B sont donc obtenues :

$$A = v_0 \text{ et } B = \frac{\dot{u}_0 + \zeta v_0}{\sqrt{1-\zeta^2}} \quad (III.19)$$

La réponse dynamique pour l'état élastique $\hat{E}$ s'écrit finalement:

$$\left| \begin{array}{l} v(\tau) = e^{-\zeta\tau} [\, v_0 \cos(\sqrt{1-\zeta^2}\,\tau) + \dfrac{\dot{u}_0 + \zeta\, v_0}{\sqrt{1-\zeta^2}} \sin(\sqrt{1-\zeta^2}\,\tau)\,] \\[2mm] \dot{u}(\tau) = e^{-\zeta\tau} \left[\dot{u}_0 \cos\left(\sqrt{1-\zeta^2}\right)\tau - \dfrac{v_0 + u_0\zeta}{\sqrt{1-\zeta^2}} \sin\left(\sqrt{1-\zeta^2}\,\tau\right) \right] \end{array} \right.$$

(III.20)

$$\text{Avec :} \begin{cases} v = (u - u_P) \\ \dot{v} = \dot{u} \,, \quad \dot{u}_P = 0 \end{cases} \tag{III.21}$$

III.3.1.2 - Résolution des deux états plastiques $\hat{P}^+$ et $\hat{P}^-$

On note τ_1 le temps nécessaire pour initier cette phase plastique.
Le temps est déterminé en résolvant $v(\tau_1) = \pm 1$ suivant la phase plastique considérée.

$$\left| \begin{array}{ll} \text{état } \hat{P}^+ : \ddot{u} + 2\zeta\dot{u} = -1 & \dot{v}=0 \\ \text{état } \hat{P}^- : \ddot{u} + 2\zeta\dot{u} = +1 & \dot{v}=0 \end{array} \right. \tag{III.22}$$

Dans le cas plastique, on a deux domaines de phases d'après les conditions:

$$\left| \begin{array}{lll} \hat{P}^+ : (v=1) & et & \dot{u} \geq 0 \\ \hat{P}^- : (v=1) & et & \dot{u} \leq 0 \end{array} \right. \tag{III.23}$$

La solution s'écrit donc pour les phases plastiques (en notations réelles) :

$$\text{état } \hat{P}^+ \left| \begin{array}{l} v = v_1 = +1 \\ \dot{u} = \left(\dot{u}_1 + v_1 \cdot \dfrac{1}{2\zeta} \right) e^{-2\zeta(\tau - \tau_1)} - v_1 \cdot \dfrac{1}{2\zeta} \end{array} \right. \tag{III.24}$$

$$\text{état } \hat{P}^- \left| \begin{array}{l} v = v_1 = -1 \\ \dot{u} = \left(\dot{u}_1 + v_1 \cdot \dfrac{1}{2\zeta} \right) e^{-2\zeta(\tau - \tau_1)} - v_1 \cdot \dfrac{1}{2\zeta} \end{array} \right. \tag{III.25}$$

III.3.1.3 - Organigramme de calcul des temps de transition

Le schéma de résolution peut être résumé par le diagramme donné ci-dessous :

$\tau_1 \longrightarrow F(\tau_1)=0$

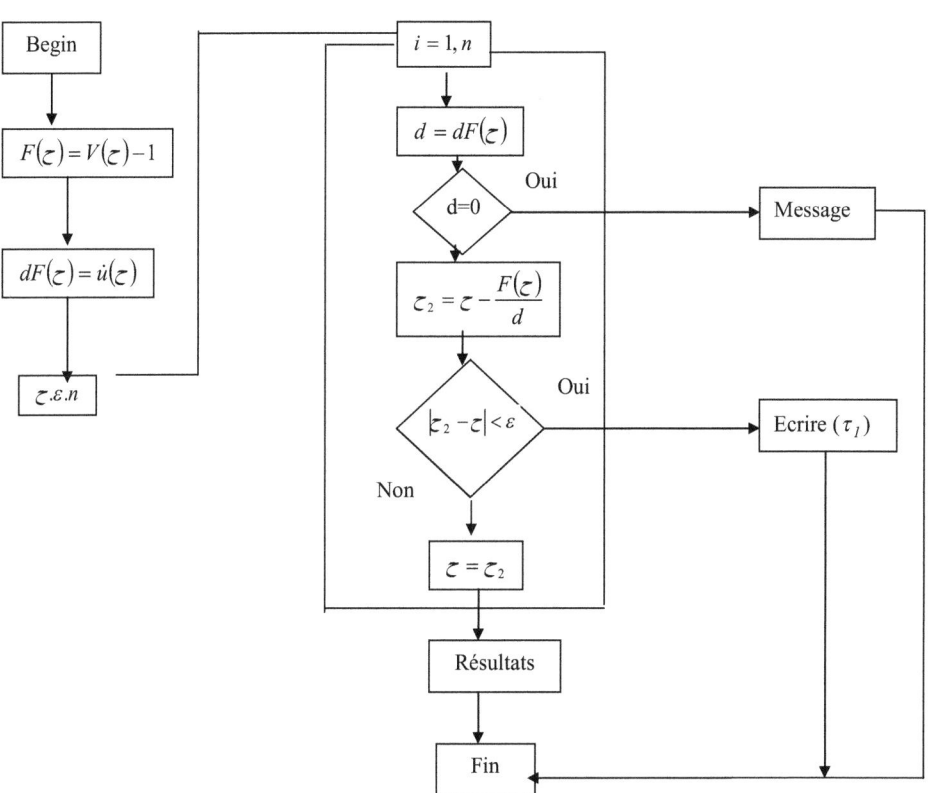

τ_1 : Dernière valeur de la phase élastique, $\varepsilon = 1.10^{-4}$, n=40, 50…..

Pour le système libre, les temps de transition entre chaque phase, notés τ_i, sont détaillés comme suit :

$\tau_0 \longrightarrow \tau_1 \longrightarrow$ Elastique

$\tau_1 \longrightarrow \tau_2 \longrightarrow$ Plastique

Pour $v_1 = \pm 1$, on voit que $|\dot{u}(\tau)|$ décroît pendant la phase plastique et s'annule pour :

$$\dot{u}(\tau) = 0 \rightarrow \left(\dot{u}_1 + v_1 \cdot \frac{1}{2\zeta}\right) e^{-2\zeta(\tau_2 - \tau_1)} - v_1 \cdot \frac{1}{2\zeta} \tag{III.26}$$

Alors la frontière de la phase élastique apparaît pour le temps τ_2 obtenu en résolvant l'équation(III.26) :

$$\dot{u}(\tau_2) = 0 \implies \tau_2 = \frac{1}{2\zeta} \ln\left(1 + 2\zeta \frac{\dot{u}_1}{v_1}\right) + \tau_1 \tag{III.27}$$

Pour $\zeta = 0$, on retombe sur la solution de Challamel (Challamel, 2005).

A l'instant τ_2 on sort de l'état plastique pour retourner dans un état élastique dont les équations sont celles obtenues précédemment (III.24 et III.25). On constatera, à partir des simulations numériques ci-dessous, du fait de l'amortissement, que le système restera dans son état élastique jusqu'à sa stabilisation. Les conditions initiales de ce nouvel état élastique sont notées $(v_2, \dot{u}_2)$:

$$\begin{cases} v(\tau_2) = v_2 = v_1 \\ \dot{u}(\tau_2) = \dot{u}_2 = 0 \end{cases} \tag{III.28}$$

Ceci conduit aux solutions suivantes dans cette dernière phase élastique :

$$\left| \begin{array}{l} v(\tau) = e^{-\zeta(\tau - \tau_2)} \left[v_2 \cos\left(\sqrt{1-\zeta^2}.(\tau - \tau_2)\right) + \dfrac{\dot{u}_2 + v_2 \zeta}{\sqrt{1-\zeta^2}} \sin\left(\sqrt{1-\zeta^2}.(\tau - \tau_2)\right) \right] \\ \dot{u}(\tau) = e^{-\zeta(\tau - \tau_2)} \left[\dot{u}_2 \cos\left(\sqrt{1-\zeta^2}.(\tau - \tau_2)\right) - \dfrac{v_2 + \dot{u}_2 \zeta}{\sqrt{1-\zeta^2}} \sin\left(\sqrt{1-\zeta^2}.(\tau - \tau_2)\right) \right] \end{array} \right. \tag{III 29}$$

III.3.2 - Organigramme de l'évolution du système dynamique ($f_0=0$)
(Oscillations libres)

$\hat{E} : \ddot{v}+2\zeta\dot{v}+v=0$

Avec : $\begin{cases} v=(u-u_P) \\ \dot{v}=\dot{u} \end{cases} \quad (v_0, \dot{u}_0), \quad \dot{u}_P=0$

$\xrightarrow{\tau_0=0}$

$\hat{E}: \begin{vmatrix} v(\tau) = \left(v_0 \cdot \cos\left(\sqrt{1-\zeta^2}\cdot\tau\right) + \dfrac{\dot{u}_0+v_0\zeta}{\sqrt{1-\zeta^2}} \cdot \sin\left(\sqrt{1-\zeta^2}\cdot\tau\right) \right) \cdot \exp(-\zeta\tau) \\ \dot{u}(\tau) = \left(\dot{u}_0 \cdot \cos\left(\sqrt{1-\zeta^2}\cdot\tau\right) - \dfrac{v_0+\dot{u}_0\zeta}{\sqrt{1-\zeta^2}} \cdot \sin\left(\sqrt{1-\zeta^2}\cdot\tau\right) \right) \cdot \exp(-\zeta\tau) \end{vmatrix}$

⬇

Etat plastique $\hat{P}$ $\xrightarrow[v(\tau_1)=\pm 1]{\tau_1}$ $\hat{P}: \begin{vmatrix} v(\tau) = v_1 \\ \dot{u}(\tau) = \left(\dot{u}_1 + v_1 \dfrac{1}{2\zeta}\right)\exp(-2\zeta(\tau-\tau_1)) - v_1 \dfrac{1}{2\zeta} \end{vmatrix} \xrightarrow{\tau_2} \hat{E}$

$\dot{u}(\tau_1) = \dot{u}_1$

⬇

$\dot{u}(\tau_2) = 0 \Rightarrow \tau_2 = \dfrac{1}{2\zeta}\ln\left(1+2\zeta\dfrac{\dot{u}_1}{v_1}\right) + \tau_1$

τ_2 ⬇

$\hat{E}: \begin{vmatrix} v(\tau) = e^{-\zeta(\tau-\tau_2)}\left[v_2 \cos\left(\sqrt{1-\zeta^2}.(\tau-\tau_2)\right) + \dfrac{\dot{u}_2+v_2\zeta}{\sqrt{1-\zeta^2}} \sin\left(\sqrt{1-\zeta^2}.(\tau-\tau_2)\right) \right] \\ \dot{u}(\tau) = e^{-\zeta(\tau-\tau_2)}\left[\dot{u}_2 \cos\left(\sqrt{1-\zeta^2}.(\tau-\tau_2)\right) - \dfrac{v_2+\dot{u}_2\zeta}{\sqrt{1-\zeta^2}} \sin\left(\sqrt{1-\zeta^2}.(\tau-\tau_2)\right) \right] \end{vmatrix}$

$\hat{E}$ ⬇ τ_i

Du fait de l'amortissement, le système restera dans cet état **élastique** jusqu'à stabilisation.

Conclusion : On constate, à partir des simulations numériques, qu'en raison de la présence d'un amortissement visqueux, le système en vibrations libres restera dans cet état élastique jusqu'à sa stabilisation.

III.3.3 - Résultats numériques – Oscillations libres

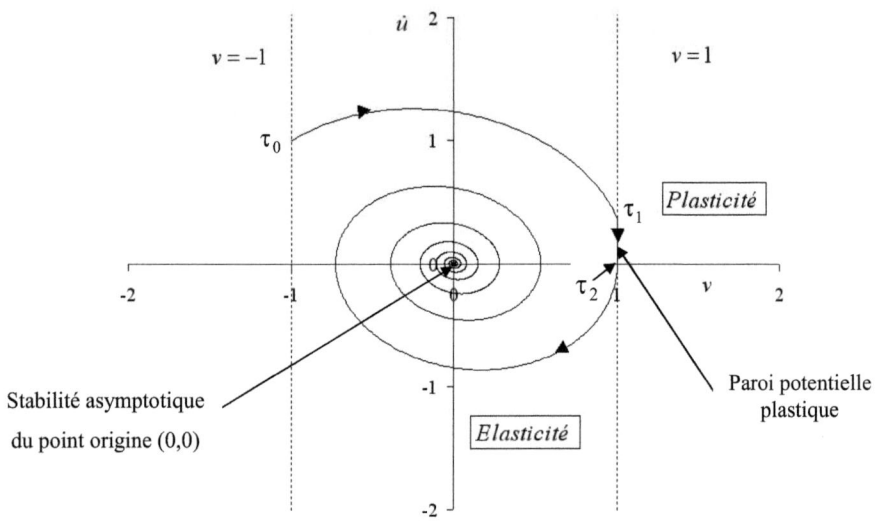

Figure III.3 - Oscillations libres – stabilité asymptotique au point d'origine $(v,\dot{u})=(0,0)$

Du fait de l'amortissement le système restera dans un état élastique final, jusqu'à sa stabilisation. Cela signifie que dans les deux cas (avec ou sans phase plastique intermédiaire), l'origine est asymptotiquement stable pour le système amorti.

Ceci est bien illustré sur la Figure III.3, obtenue avec une perturbation conduisant à une phase plastique transitoire. Cette simulation montre aussi l'existence d'une paroi potentielle analogique du système élastoplastique.

III.4 - Oscillations forcées ($f_0 \neq 0$)

III.4.1 - Evolution du système dynamique

L'oscillateur forcé, par une excitation périodique, peut aussi être étudié de la même manière dans le domaine des phases avec les coordonnées $(v, \dot{u}, \tau)$.

Les solutions de l'équation (III.10) sont données pour chacun des sous états $(\hat{E}, \hat{P}^+ \text{ et } \hat{P}^-)$.

La solution du système élastoplastique forcé se décompose classiquement en une solution particulière et une solution du système homogène sans second membre.

Les solutions particulières des équations (III.10) sont calculées ci dessous pour chaque état.

III.4.1.1 - Résolution de l'état élastique $\hat{E}$

Les équations différentielles qui régissent l'état élastique sont:

$$\hat{E} : \begin{vmatrix} \ddot{u} + 2\zeta\dot{u} + v = f_0 \cos\omega\tau \\ \dot{v} + 2\zeta\dot{v} + v = f_0 \cos\omega\tau \end{vmatrix} \quad ; \dot{v} = \dot{u} \quad \text{(III.30)}$$

Les solutions particulières pour l'état $\hat{E}$ sont données par :

$$\begin{cases} v_p(\tau) = f_0 \cdot \dfrac{(1-\omega^2)\cos(\omega\tau) + 2\zeta\omega\sin(\omega\tau)}{(1-\omega^2)^2 + 4\zeta^2\omega^2} \\ \dot{u}_p(\tau) = \omega f_0 \cdot \dfrac{2\zeta\omega\cos(\omega\tau) - (1-\omega^2)\sin(\omega\tau)}{(1-\omega^2)^2 + 4\zeta^2\omega^2} \end{cases} \quad \text{(III.31)}$$

Ce qui nous donne, finalement en notation réelle pour la solution globale pour l'état élastique $\hat{E}$:

$$v(\tau) = \begin{pmatrix} \cos(\sqrt{1-\zeta^2}\,(\tau-\tau_i))*\left(v_i - f_0\dfrac{(1-\omega^2)\cos(\omega\tau_i)+2\omega\zeta\,\sin(\omega\tau_i)}{(1-\omega^2)^2+4\omega^2\zeta^2}\right) + \sin(\sqrt{1-\zeta^2}\,(\tau-\tau_i)) \\ *\left(\dfrac{v_i\zeta+\dot{u}_i}{\sqrt{1-\zeta^2}} + f_0\dfrac{-\zeta(1+\omega^2)\cos(\omega\tau_i)+\omega(1-\omega^2-2\zeta^2)\sin(\omega\tau_i)}{\sqrt{1-\zeta^2}\,(1-\omega^2)^2+4\omega^2\zeta^2}\right) \end{pmatrix} e^{-\zeta(\tau-\tau_i)}$$

$$+ f_0\dfrac{(1-\omega^2)\cos(\omega\tau)+2\omega\zeta\,\sin(\omega\zeta)}{(1-\omega^2)^2+4\zeta^2\omega^2}$$

$$\dot{u}(\tau) = \begin{pmatrix} \cos(\sqrt{1-\zeta^2}\,(\tau-\tau_i))*\left(\dot{u}_i + f_0\dfrac{-2\omega^2\zeta\,\cos(\omega\tau_i)+\omega(1-\omega^2)\sin(\omega\tau_i)}{(1-\omega^2)^2+4\omega^2\zeta^2}\right) + \sin(\sqrt{1-\zeta^2}\,(\tau-\tau_i)) \\ *\left(\dfrac{v_i\zeta+\dot{u}_i}{\sqrt{1-\zeta^2}} + f_0\dfrac{\cos(\omega\tau_i)(2\omega^2\zeta^2+1-\omega^2)+\sin(\omega\tau_i)(\omega\zeta(1+\omega^2))}{\sqrt{1-\zeta^2}\left((1-\omega^2)^2+4\omega^2\zeta^2\right)}\right) \end{pmatrix} e^{-\zeta(\tau-\tau_i)}$$

$$+ \omega f_0\dfrac{2\omega\zeta\,\cos(\omega\tau)-(1-\omega^2)\sin(\omega\zeta)}{(1-\omega^2)^2+4\zeta^2\omega^2}$$

(III.32)

Remarque :
- Pour $f_0 = 0$, on retombe sur l'équation (III.20) de l'état élastique des oscillations libres.
- Pour $\zeta = 0$, on retrouve la solution de Challamel, (2005), pour le système élastoplastique non amorti.

III.4.1.2 - Résolution des deux états plastiques $\hat{P}^+$ et $\hat{P}^-$

La solution particulière est donnée ci-dessous pour les deux états plastiques $\hat{P}^+$ et $\hat{P}^-$:

. Etat plastique $\hat{P}^+$:

$$\dot{u}_p = f_0 \frac{2\zeta \cos(\omega \tau_i) + \omega \sin(\omega \tau_i)}{4\zeta^2 + \omega^2} - \frac{1}{2\zeta} \tag{III.33}$$

. Etat plastique $\hat{P}^-$:

$$\dot{u}_p = f_0 \frac{2\zeta \cos(\omega \tau_i) + \omega \sin(\omega \tau_i)}{4\zeta^2 + \omega^2} + \frac{1}{2\zeta} \tag{III.34}$$

Ce qui donne comme réponse pour l'état plastique :

$$\begin{cases} v(\tau) = v_i = \pm 1 \\ \dot{u}(\tau) = \left(\dot{u}_i + \frac{v_i}{2\zeta} - f_0 \frac{2\zeta \cos(\omega \tau_i) + \omega \sin(\omega \tau_i)}{4\zeta^2 + \omega^2} \right) e^{-2\zeta(\tau - \tau_i)} - \frac{v_i}{2\zeta} + f_0 \frac{2\zeta \cos(\omega \tau) + \omega \sin(\omega \tau)}{4\zeta^2 + \omega^2} \end{cases}$$

$$\tag{III.35}$$

Avec τ_i le temps d'initialisation de la phase plastique.

Lors d'un retour à l'état élastique $\hat{E}$, les équations sont les mêmes qu'en (III.32) en prenant pour conditions initiales $(v_i, \dot{u}_i)$:

$$\begin{cases} v_i(\tau) = v_1 \\ \dot{u}_i(\tau) = 0 \end{cases} \tag{III.36}$$

III.4.2 - Organigramme de l'évolution du système dynamique ($f_0 \neq 0$) (Oscillations forcées)

La réponse dynamique
Etat élastique

$(v_i, \dot{u}_i)$ ⇩ τ_0

$\hat{E}$:

$$v(\tau) = \left(\begin{array}{l} cos(\sqrt{1-\zeta^2}\,(\tau-\tau_i)) * \left(v_i - f_0 \dfrac{(1-\omega^2)cos(\omega\tau_i) + 2\omega\zeta\,sin(\omega\tau_i)}{(1-\omega^2)^2 + 4\omega^2\zeta^2} \right) + sin(\sqrt{1-\zeta^2}(\tau-\tau_i)) \\ * \left(\dfrac{v_i\zeta + \dot{u}_i}{\sqrt{1-\zeta^2}} + f_0 \dfrac{-\zeta(1+\omega^2)cos(\omega\tau_i) + \omega(1-\omega^2-2\zeta^2)sin(\omega\tau_i)}{\sqrt{1-\zeta^2}(1-\omega^2)^2 + 4\omega^2\zeta^2} \right) \end{array} \right) e^{-\zeta(\tau-\tau_i)}$$

$$+ f_0 \dfrac{(1-\omega^2)cos(\omega\tau) + 2\omega\zeta\,sin(\omega\zeta)}{(1-\omega^2)^2 + 4\omega^2}$$

(Eq III.32)

$$\dot{u}(\tau) = \left(\begin{array}{l} cos(\sqrt{1-\zeta^2}(\tau-\tau_i)) * \left(\dot{u}_i + f_0 \left(\dfrac{-2\omega^2\zeta\,cos(\omega\tau_i) + \omega(1-\omega^2)sin(\omega\tau_i)}{(1-\omega^2)^2 + 4\omega^2\zeta^2} \right) \right) + sin(\sqrt{1-\zeta^2}(\tau-\tau_i)) \\ * \left(\dfrac{v_i\zeta + \dot{u}_i}{\sqrt{1-\zeta^2}} + f_0 \dfrac{cos(\omega\tau_i)(2\omega^2\zeta^2+1-\omega^2) + sin(\omega\tau_i)(\omega\zeta(1+\omega^2))}{\sqrt{1-\zeta^2}((1-\omega^2)^2 + 4\omega^2\zeta^2)} \right) \end{array} \right) e^{-\zeta(\tau-\tau_i)}$$

$\hat{P}$ ⇩ $v(\tau_i) = \pm 1$ $\omega f_0 \dfrac{2\omega\zeta\,cos(\omega\tau) - (1-\omega^2)sin(\omega\zeta)}{(1-\omega^2)^2 + 4\zeta^2\omega^2}$

(Eq III.35)

$\hat{P}: \begin{cases} v(\tau) = v_i = \pm 1 \\ \dot{u}(\tau) = \left(\dot{u}_i + \dfrac{v_i}{2\zeta} - f_0 \dfrac{2\zeta\,cos(\omega\tau_i) + \omega sin(\omega\tau_i)}{4\zeta^2 + \omega^2} \right) e^{-2\zeta(\tau-\tau_i)} - \dfrac{v_i}{2\zeta} + f_0 \dfrac{2\zeta\,cos(\omega\tau) + \omega sin(\omega\tau)}{4\zeta^2 + \omega^2} \end{cases}$

⬅

$\hat{E}$ ⇩ τ_2

$\left\{ \begin{array}{l} \text{Les équations non linéaires sont résolues} \\ \text{par la méthode de Newton Raphson} \\ \text{pour retrouver les temps de transition } \tau_{i+1} \end{array} \right\}$ ⬅ τ_{i+1} ? ⬅ **(Eq III.32)** $\begin{cases} v_i(\tau) = v_1 \\ \dot{u}_i(\tau) = 0 \end{cases}$

III.4.3 - Temps de transition : τ_{i+1}

Pour retrouver les temps de transition pour chaque zone (chaque état), pour des conditions initiales spécifiées, le simulateur détermine les temps de transition τ_{i+1} en utilisant simplement la méthode de Newton-Raphson.

L'équation non linéaire à résoudre est donnée par **Eq. (III.32)**, quand l'état initial est élastique :

$$|v(\tau_{i+1})|=1 \qquad (III.37)$$

Cependant l'équation non linéaire à résoudre est donnée par **Eq. (III.35)**, quand l'état initial est plastique :

$$\dot{u}(\tau_{i+1})=0 \qquad (III.38)$$

Le nouveau temps τ_{i+1} est utilisé pour l'équation de mouvement dans la nouvelle zone parcourue.

III.4.4 - Résultats numériques et Formes des cycles limites

L'analyse numérique est seulement faite pour un taux d'amortissement positif. Toutes les trajectoires tendent vers des orbites périodiques, qui sont représentés par des 'cycles limites' dans l'espace des phases $(v,\dot{u})$.

Ces 'cycles limites' ne dépendent pas des conditions initiales. En réalité, ces orbites périodiques sont complètement caractérisées dans l'espace $(v,\dot{u},\tau)$.

Les simulations numériques montrent que ces orbites périodiques sont asymptotiquement stables pour toutes les perturbations. Ceci caractérise le comportement de l'oscillateur élastoplastique amorti qui est plus simple par rapport au comportement de l'oscillateur non amorti qui ne possède pas cette propriété fondamentale (voir Challamel 2005). Tous ces cycles limites sont des cycles à orbites symétriques (symétrie centrale par rapport au point d'origine), comme caractérisé par (Luo, 2004) pour d'autres systèmes dynamiques. La période des cycles limites est égale à $\frac{2\pi}{\omega}$. La forme des cycles limites dépend des valeurs des paramètres structuraux (f_0, ω, ζ). L'adaptation est décrite par des cycles limites symétriques réguliers, tandis que l'accomodation est représentée par des cycles limites symétriques mais dont la forme est irrégulière. Cela signifie que ces deux phénomènes (liés aux propriétés de comportement de la structure) peuvent être différenciés par leur simple forme géométrique dans l'espace des phases réduit $(v,\dot{u})$. Cette dernière conclusion constitue une propriété importante liée à l'oscillateur élastoplastique parfait. Ces deux phénomènes sont illustrés pour l'adaptation élastoplastique en Figure III.4 et pour l'accomodation en Figure III.5. Dans les deux cas, les cycles limites sont asymptotiquement stables et les conditions initiales ne portent pas atteinte à la forme des cycles limites (voir Figure III.6 et Figure III.7). Toutefois, dans les deux cas la valeur moyenne du déplacement total dans l'espace initial $(u,u_p,\dot{u})$ dépend fortement des conditions initiales (voir Figure III.8). En conséquence, on confirme que l'espace des phases initiales $(u,u_p,\dot{u})$ ne peut être associé à des cycles limites et n'est probablement pas le meilleur choix pour analyser les systèmes plastiques par les outils de la dynamique des systèmes non linéaires.

On présentera ci dessous les résultats des simulations numériques pour étudier la stabilité de l'oscillateur élastoplastique parfait, symétrique et amorti. Les résultats des simulations numériques seront ultérieurement confrontés à ceux d'une étude analytique générale.

III.4.4.1 - Adaptation élastoplastique

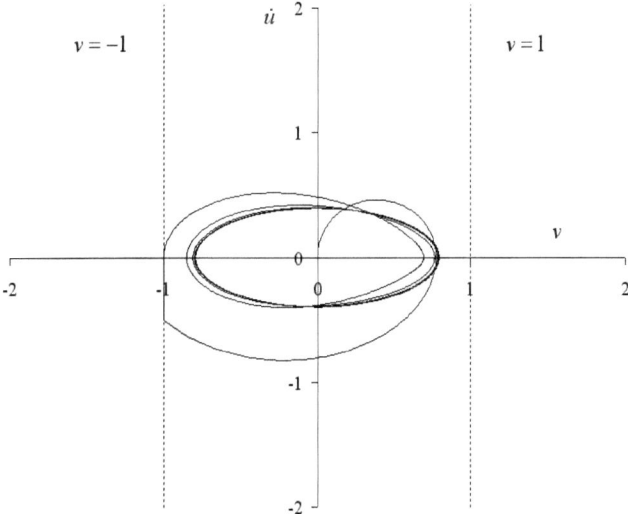

Figure III.4 – Adaptation plastique - $(v_0, \dot{u}_0) = (o, o); \zeta = 0.1; \omega = 0.5; f_0 = 0.6$

III.4.4.2 - Accomodation

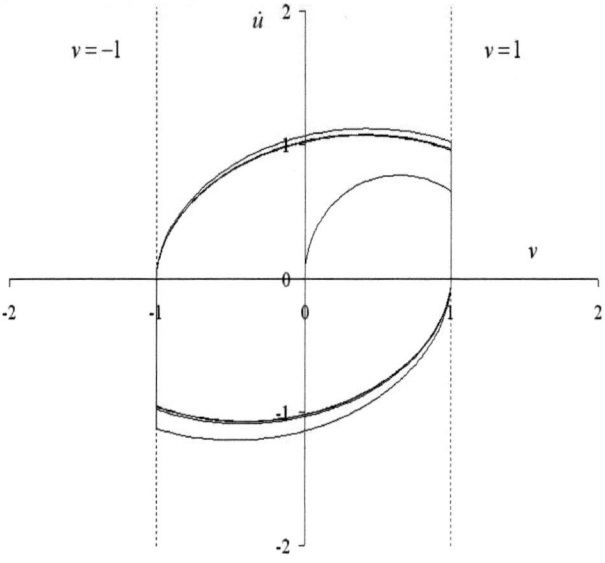

Figure III.5 – Accommodation avec cycle limite - $(v_0, \dot{u}_0) = (0,0); \zeta = 0.1; \omega = 0.5; f_0 = 1$.

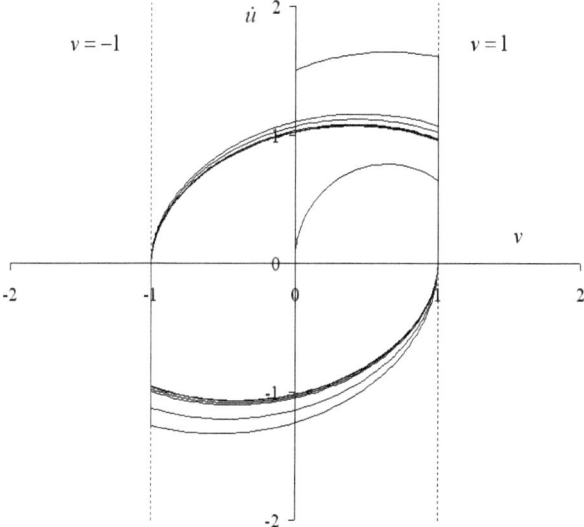

Figure III.7 - Accommodation avec convergence vers un cycle limite pour différentes conditions initiales ; $\zeta = 0.1; \omega = 0.5; f_0 = 1$.

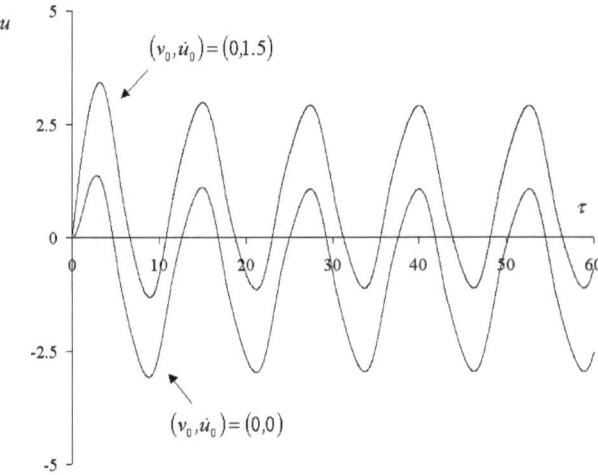

Figure III.8 - Influence des conditions initiales sur le déplacement total u
Pour : $\zeta = 0.1$; $\omega = 0.5$; $f_0 = 1$ - $u_0 = 0$.

III.5 - Etude générale de la stabilité

L'étude numérique est maintenant confrontée à une étude générale analytique de la stabilité.

III.5.1 - Analyse de la stabilité du cycle limite en adaptation

Sur la frontière entre l'adaptation et l'accommodation, on peut considérer une phase élastique et le cycle limite est tangent aux droites $|v|=1$.

Ce qui nous permet de trouver l'équation de frontière du cycle limite dans le domaine de l'adaptation, qui est obtenu à partir de l'équation (III.32) en ne considérant que le terme stationnaire:

$$\left| \begin{array}{l} v(\tau) = f_0 \dfrac{(1-\omega^2)\cos(\omega\tau) + 2\omega\zeta \sin(\omega\tau)}{(1-\omega^2)^2 + 4\zeta^2\omega^2} \\ \dot{u}(\tau) = \omega f_0 \dfrac{2\omega\zeta \cos(\omega\tau) - (1-\omega^2)\sin(\omega\tau)}{(1-\omega^2)^2 + 4\zeta^2\omega^2} \end{array} \right. \quad (III.39)$$

On remarquera que v et $\dot{u}$ ne dépendent pas des conditions initiales (pour $\zeta \neq 0$, les cycles limites ne dépendent pas des conditions initiales). Ceci confirme nos simulations numériques que ce soit en adaptation élastoplastique (Figure III.6) ou en accomodation (Figure III.7).
Il s'agit d'une ellipse centrée dont l'équation est donnée par:

$$\dfrac{v^2}{a^2} + \dfrac{\dot{u}^2}{b^2} = 1 \quad \text{avec} \quad a = \dfrac{f_0}{\sqrt{(1-\omega^2)^2 + 4\omega^2\zeta^2}} \quad \text{et} \quad b = a\omega \quad (III.40)$$

L'équation du cycle limite, à la frontière entre l'adaptation et l'accomodation, est obtenue lorsque le paramètre a de l'ellipse est égal à 1 dans l'équation (III.40), c'est-à-dire:

$$f_0 = \sqrt{(1-\omega^2)^2 + 4\omega^2\zeta^2} \quad (III.41)$$

La limite de l'équation (III.41) est représentée graphiquement par la Figure III.10.

Cette frontière entre l'adaptation et l'accomodation a été déjà étudiée par (Liu et Huang, 2004) voir Figure III.11, qui représente le même résultat auquel on aboutit.

L'équation (III.41) peut être simplifiée comme suit:

Pour $\zeta = 0$ on obtient: $f_0 = \left|\left(1-\omega^2\right)\right|$ (III.42)

Dans le cas des systèmes non amortis on a retrouvé ci dessous (chapitre II) que l'état d'adaptation dépend des conditions initiales (voir également Miller et Butler, 1988 et Challamel, 2005) contrairement au cas non amorti.

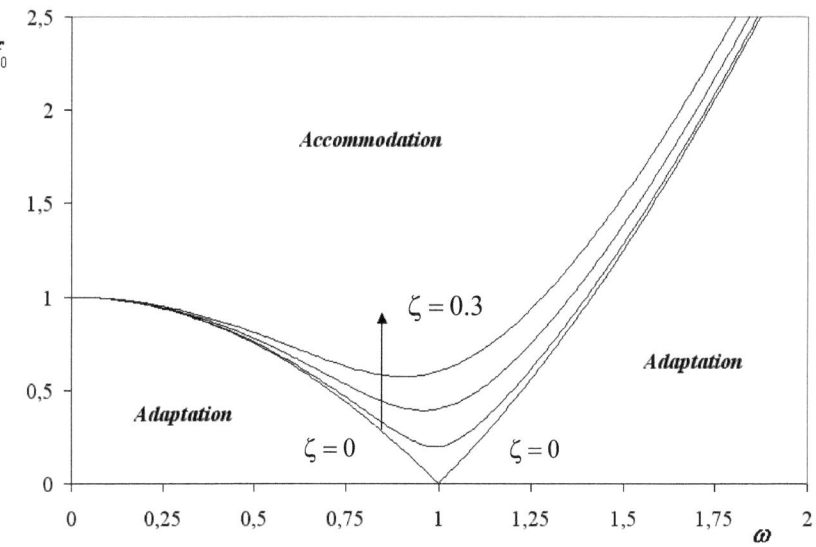

Figure III.10 – Frontière entre adaptation et accommodation.

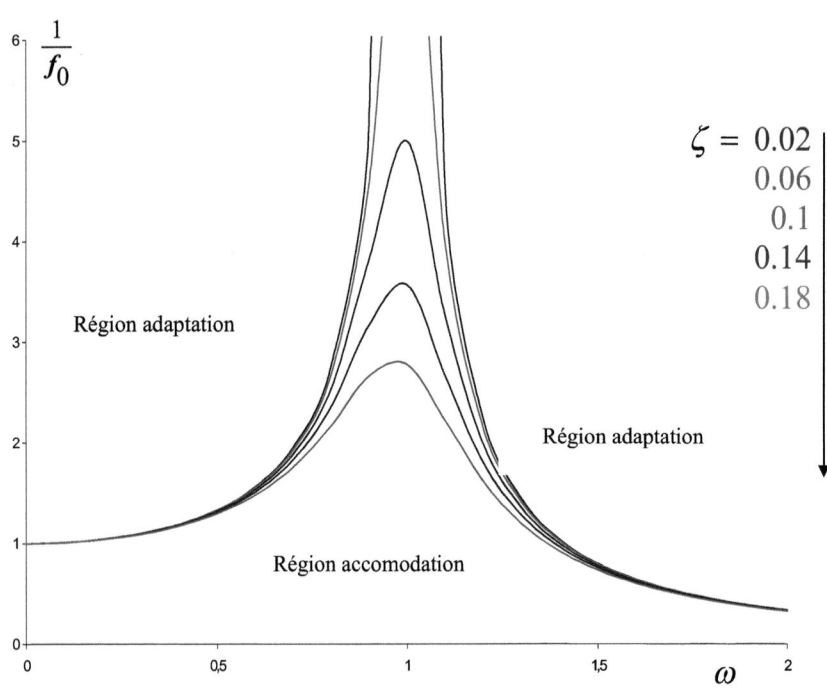

Figure III.11 - Frontière entre adaptation et accommodation
- Comparaison avec le diagramme de Liu et Huang (2004).

III.5.2 - Analyse de la stabilité des cycles limites en accomodation

III.5.2.1 - Analyse de la stabilité des orbites (1,2) - périodiques symétriques

Les orbites périodiques peuvent être classées, dans le même esprit que Awrejcewicz et Lamarque (2003) le font pour les systèmes mécaniques avec impacts. Une orbite est appelée (n,k)- périodiques, si elle possède une période nT avec k phases plastiques par cycle de période $T = 2\pi / \omega$. Au regard de cette classification, la plupart des simulations montrent des orbites stables (1,2) -périodiques. Néanmoins, des orbites $(1,n)$-périodiques (avec n plus grand que 2) ont aussi été détectées pour des faibles valeurs de pulsation ω. Par exemple, une orbite (1,2)-périodique est montrée en Figure III.12. La méthodologie est basée sur le fait que la durée dans chaque phase (une phase élastique et une phase plastique) est exactement égale à la moitié de la période d'un cycle:

$$\tau_2(\tau_0) - \tau_0 = \frac{\pi}{\omega} \qquad (III.43)$$

τ_0 est le temps au début de la phase élastique qui suit la phase plastique P^-, τ_1 est le temps à la fin de la phase élastique et τ_2 est le temps à la fin de la phase plastique P^+ (Figure III.12). La partie suivante est consacrée à l'étude de stabilité des orbites $(1,2)$-périodiques.

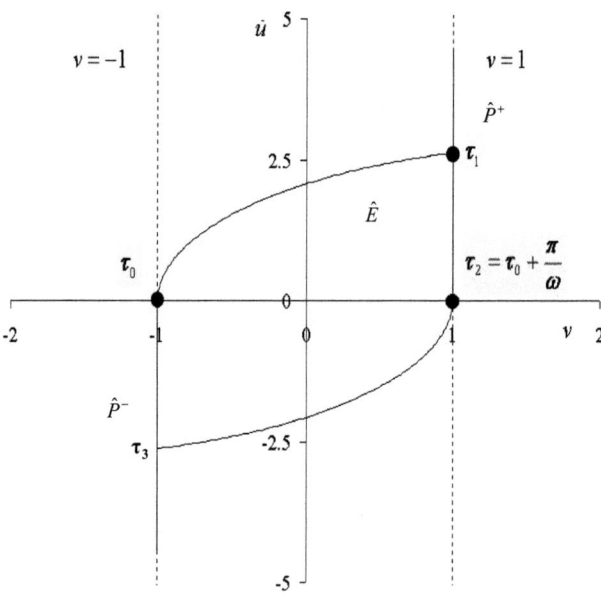

Figure III.12 - Orbites périodiques dans l'espace des phases : état stable stationnaire. Temps de transition pour cycle limite

L'orbite (1,2)-périodique est caractérisée par les temps de transition $\tau_0, \tau_1, \tau_2, \tau_3$ et τ_3 (voir Figure III.4). L'analyse de stabilité de l'orbite (1,2)-périodique est similaire à l'analyse de stabilité développée par Masri & Caughey (Caughey, 1966) pour un système à impact. Le facteur d'amplification de la perturbation R peut être introduit à partir de :

$$\begin{pmatrix} \Delta \tau_0 \\ \Delta v_0 \\ \Delta \dot{u}_0 \end{pmatrix} \rightarrow \begin{pmatrix} \Delta \tau_1 \\ \Delta v_1 \\ \Delta \dot{u}_1 \end{pmatrix} \rightarrow \begin{pmatrix} \Delta \tau_2 \\ \Delta v_2 \\ \Delta \dot{u}_2 \end{pmatrix} \text{ avec } \Delta v_0 = \Delta \dot{u}_0 = \Delta v_1 = \Delta v_2 = \Delta \dot{u}_2 = 0 \tag{III.44}$$

Les matrices **A** et **B** peuvent être introduites pour la propagation des erreurs:

$$\begin{pmatrix} \Delta \tau_1 \\ \Delta v_1 \\ \Delta \dot{u}_1 \end{pmatrix} = \begin{pmatrix} A_{11} & A_{12} & A_{13} \\ A_{21} & A_{22} & A_{23} \\ A_{31} & A_{32} & A_{33} \end{pmatrix} \begin{pmatrix} \Delta \tau_0 \\ \Delta v_0 \\ \Delta \dot{u}_0 \end{pmatrix} \text{ et } \begin{pmatrix} \Delta \tau_2 \\ \Delta v_2 \\ \Delta \dot{u}_2 \end{pmatrix} = \begin{pmatrix} B_{11} & B_{12} & B_{13} \\ B_{21} & B_{22} & B_{23} \\ B_{31} & B_{32} & B_{33} \end{pmatrix} \begin{pmatrix} \Delta \tau_1 \\ \Delta v_1 \\ \Delta \dot{u}_1 \end{pmatrix} \tag{III.45}$$

Les équations (III.43) et (III.44) conduisent à l'équation scalaire suivante :

$$\Delta \tau_2 = R \Delta \tau_0 \text{ avec } R = A_{11} B_{11} + A_{31} B_{13} \tag{III.46}$$

La valeur de R détermine la stabilité de la solution (Masry et Caughey, 1966). La solution (1,2) symétrique est asymptotiquement stable si le module de R est inférieur à l'unité. Si le module de R est supérieur à un, la solution est instable. Un phénomène de bifurcation peut se produire lorsque le module prend la valeur de l'unité. La détermination du coefficient R pour l'analyse de stabilité et les différents coefficients de ce calcul seront présentés dans ce qui suit.

La valeur finale de R peut être finalement simplifiée comme suit:

$$R = e^{-\zeta \left(\tau_0 - \tau_1 + \frac{2\pi}{\omega} \right)} * \left[-\cos\left(\sqrt{1-\zeta^2} (\tau_1 - \tau_0) \right) + \frac{\zeta}{\sqrt{1-\zeta^2}} \sin\left(\sqrt{1-\zeta^2} (\tau_1 - \tau_0) \right) \right] \tag{III.47}$$

Il est possible de vérifier numériquement que la stabilité asymptotique prévaut pour ce système amorti ($|R|<1$).

III.5.2.2 - Détermination du coefficient R pour l'analyse de stabilité

On détermine la valeur du coefficient d'analyse de stabilité R, par la détermination des valeurs des coefficients A_{11}, B_{11}, A_{31} et B_{31} de l'équation (III.45). Le premier coefficient à déterminer A_{11} est défini comme suit:

$$\Delta \tau_1 = A_{11} \Delta \tau_0 \qquad (III.48)$$

Dans le régime élastique l'évolution de v est régie par l'équation (III.32), et peut s'écrire :

$$v(\tau_0, \tau) = e^{-\zeta(\tau - \tau_0)} * \left[A_1 \cos\left(\sqrt{1 - \zeta^2}(\tau - \tau_0)\right) + B_1 \sin\left(\sqrt{1 - \zeta^2}(\tau - \tau_0)\right) \right] + C_1 \cos \omega \tau + D_1 \sin \omega \tau \qquad (III.49)$$

Avec
$$\begin{vmatrix} A_1 = -1 - C_1 \cos \omega \tau_0 - D_1 \sin \omega \tau_0 \\ B_1 = \dfrac{A_1 \zeta + C_1 \omega \sin \omega \tau_0 - D_1 \omega \cos \omega \tau_0}{\sqrt{1 - \zeta^2}} \\ C_1 = f_0 \dfrac{1 - \omega^2}{(1 - \omega^2)^2 + 4\omega^2 \zeta^2} \\ D_1 = f_0 \dfrac{2 \zeta \omega}{(1 - \omega^2)^2 + 4\omega^2 \zeta^2} \end{vmatrix} \qquad (III.50)$$

On utilise l'approche de perturbation suivante:

$$\begin{vmatrix} v(\tau_0, \tau_1) = 1 \\ v(\tau_0 + \Delta \tau_0, \tau_1 + \Delta \tau_1) = v(\tau_0, \tau_1) + \Delta \tau_0 \dfrac{\partial v(\tau_0, \tau_1)}{\partial \tau_0} + \Delta \tau_1 \dfrac{\partial v(\tau_0, \tau_1)}{\partial \tau_1} = 1 \end{vmatrix} \qquad (III.51)$$

La deuxième équation de (B.4) conduit à la détermination de A_{11}:

$$A_{11} = -\dfrac{\dfrac{\partial v(\tau_0, \tau_1)}{\partial \tau_0}}{\dfrac{\partial v(\tau_0, \tau_1)}{\partial \tau_1}} \qquad (III.52)$$

A_{11} est finalement calculé comme suit:

$$A_{11} = \frac{1 + f_0 \cos\omega\tau_0}{\dot{u}_1 \sqrt{1-\zeta^2}} e^{-\zeta(\tau_1-\tau_0)} \sin\left(\sqrt{1-\zeta^2}(\tau_1-\tau_0)\right)$$ (III.53)

Tel que $\dot{u}_1$ est le déplacement à la fin de la phase élastique. $\dot{u}_1$ est donné par:

$$\dot{u}_1 = e^{-\zeta(\tau_1-\tau_0)} * \left[\left(-\zeta A_1 + B_1\sqrt{1-\zeta^2}\right)\cos\left(\sqrt{1-\zeta^2}(\tau_1-\tau_0)\right) + \left(-\zeta B_1 - A_1\sqrt{1-\zeta^2}\right)\sin\left(\sqrt{1-\zeta^2}(\tau_1-\tau_0)\right)\right]$$
$$- C_1\omega\sin\omega\tau_1 + D_1\omega\cos\omega\tau_1$$

(III.54)

Il est facile d'étendre ce terme par:

$$\Delta\dot{u}_1 = \frac{\partial \dot{u}_1(\tau_0,\tau_1)}{\partial \tau_0}\Delta\tau_0 + \frac{\partial \dot{u}_1(\tau_0,\tau_1)}{\partial \tau_1}\Delta\tau_1$$ (III.55)

Le terme A_{31} peut être déduit:

$$A_{31} = \frac{\partial \dot{u}_1(\tau_0,\tau_1)}{\partial \tau_0} + A_{11}\frac{\partial \dot{u}_1(\tau_0,\tau_1)}{\partial \tau_1}$$ (III.56)

Les termes de l'équation (A.9) sont détaillés ci-dessous :

$$\frac{\partial \dot{u}_1(\tau_0,\tau_1)}{\partial \tau_1} = -1 - 2\zeta\dot{u}_1 + f_0\cos\omega\tau_1$$ (III.57)

Et:

$$\frac{\partial \dot{u}_1(\tau_0,\tau_1)}{\partial \tau_0} = (1 + f_0\cos\omega\tau_0)e^{-\zeta(\tau_1-\tau_0)}\left[-\cos\left(\sqrt{1-\zeta^2}(\tau_1-\tau_0)\right) + \frac{\zeta}{\sqrt{1-\zeta^2}}\sin\left(\sqrt{1-\zeta^2}(\tau_1-\tau_0)\right)\right]$$

(III.58)

Le même raisonnement peut être appliqué à la détermination de B_{11} et B_{13} obtenus à partir de la fonction $\dot{u}_2(\dot{u}_1,\tau_1,\tau_2)$:

$$\dot{u}_2(\dot{u}_1,\tau_1,\tau_2) = B_2 e^{-2\zeta(\tau_2-\tau_1)} + C_2 \cos\omega\tau_2 + D_2 \sin\omega\tau_2 - \frac{1}{2\zeta} \quad \text{(III.59)}$$

Avec
$$\begin{vmatrix} C_2 = f_0 \dfrac{2\zeta}{\omega^2 + 4\zeta^2} \\ D_2 = f_0 \dfrac{\omega}{\omega^2 + 4\zeta^2} \\ B_2 = \dot{u}_1 + \dfrac{1}{2\zeta} - C_2 \cos\omega\tau_1 - D_2 \sin\omega\tau_1 \end{vmatrix} \quad \text{(III.60)}$$

La perturbation conduit à:

$$B_{11} = -\frac{\dfrac{\partial \dot{u}_2(\dot{u}_1,\tau_1,\tau_2)}{\partial \tau_1}}{\dfrac{\partial \dot{u}_2(\dot{u}_1,\tau_1,\tau_2)}{\partial \tau_2}} \quad \text{et} \quad B_{13} = -\frac{\dfrac{\partial \dot{u}_2(\dot{u}_1,\tau_1,\tau_2)}{\partial \dot{u}_1}}{\dfrac{\partial \dot{u}_2(\dot{u}_1,\tau_1,\tau_2)}{\partial \tau_2}} \quad \text{(III.61)}$$

Ces termes sont calculés comme suit :

$$B_{11} = \frac{e^{-2\zeta(\tau_2-\tau_1)}}{1+f_0 \cos\omega\tau_0}(1+2\zeta\dot{u}_1 - f_0 \cos\omega\tau_1) \quad \text{et} \quad B_{13} = \frac{e^{-2\zeta(\tau_2-\tau_1)}}{1+f_0 \cos\omega\tau_0} \quad \text{(III.62)}$$

Certaines simplifications interviennent, en remarquant que :

$$B_{11} = -B_{13}\frac{\partial \dot{u}_1(\tau_0,\tau_1)}{\partial \tau_1} \quad \text{(III.63)}$$

Finalement R est donné comme suit:

$$R = B_{13}\frac{\partial \dot{u}_1(\tau_0,\tau_1)}{\partial \tau_0} = e^{-\zeta\left(\tau_0-\tau_1+\frac{2\pi}{\omega}\right)} * \left[-\cos\left(\sqrt{1-\zeta^2}(\tau_1-\tau_0)\right) + \frac{\zeta}{\sqrt{1-\zeta^2}}\sin\left(\sqrt{1-\zeta^2}(\tau_1-\tau_0)\right)\right]$$

(III.64)

L'équation (III.64) qui donne la valeur finale de R est équivalente à l'équation (III.47).

III.6 - Méthode de Newton-Raphson

Cette méthode s'applique à des équations du type $f(x) = 0$, pour lesquelles on peut calculer la dérivée de f : f'(x). Soit x_1 une valeur approchée de la racine s inconnue.

Posons : $x_2 = x_1 + h$, et cherchons l'accroissement qu'il faut donner à x_1, de façon à ce que :

$$f(x_2) = f(x_1 + h) = 0 \tag{III.65}$$

Après développement en série de Taylor à l'ordre 2, on obtient :

$$f(x_1 + h) = f(x_1) + hf'(x_1) + \frac{h^2}{2}.f''(x_1 + \theta.h) = 0 \tag{III.66}$$

Approximativement : $f(x_1) + h.f'(x_1) = 0$ \hfill (III.67)

C'est à dire : $h = -\dfrac{f(x_1)}{f'(x_1)}$ \hfill (III.68)

Plus généralement, la solution : $x_{n+1} - x_n = h, soit\ x_{n+1} = x_n - \dfrac{f(x_1)}{f'(x_1)}$ \hfill (III.69)

Sens de l'approximation :

Si l'on avait fait aucune approximation dans l'écriture de $f(x_1 + h) = 0$, on aurait obtenu, pour la racine s, l'expression suivante :

$$s = x_1 - \frac{f(x_1)}{f'(x_1)} - \frac{h^2}{2}.\frac{f''(x_1 + \theta.h)}{f'(x_1)} \tag{III.70}$$

donc :

$$s - x_1 = -\frac{f(x_1)}{f'(x_1)} - \frac{h^2}{2}.\frac{f''(x_1 + \theta.h)}{f'(x_1)} \tag{III.71}$$

$$s - x_2 = -\frac{h^2}{2}.\frac{f''(x_1 + \theta.h)}{f'(x_1)} \tag{III.72}$$

Ce qui conduit à la conclusion suivante :

- Si $c_k = c'_k$,

    x_2 est plus proche de s que x_1, et il est du même côté : x_2 est donc une meilleure approximation. Si la racine est simple, et si f' conserve un signe constant au voisinage de la racine, la suite $u_i = s - x_i$ est une suite monotone bornée par 0 ; elle converge, donc l'algorithme converge.

- Si $f.f'' < 0$.

    x_1 et x_2 sont de part et d'autre de s : l'approximation x_2 peut alors être moins bonne que x_1. Mais si la racine est simple, $f(x_2)$ sera de signe contraire à celui de $f(x_1)$: $f(x_1)$ et $f(x_2)$ seront alors de même signe et l'algorithme converge.

III.7 - Conclusions générales du chapitre III

Ce chapitre III est consacré à la stabilité et à la dynamique d'un oscillateur élastoplastique parfait symétrique, amorti, à un seul degré de liberté excité harmoniquement. Le système hystérétique est écrit comme un système autonome non régulier en utilisant des variables internes appropriées. En vibration libre, la stabilité asymptotique du point origine est retrouvée dans le nouvel espace des phases. En vibration forcée et pour retrouver les temps de transition pour chaque zone (chaque état), pour des conditions initiales spécifiées, le simulateur détermine les temps de transition τ_{i+1} en utilisant simplement la méthode de Newton-Raphson. Pour cette étape on conclut ce qui suit:

• L'analyse numérique est seulement faite pour un taux d'amortissement positif.

• Toutes les trajectoires, que ce soit en adaptation élastique ou en accommodation plastique, tendent vers une orbite périodique considérée comme 'cycle limite' dans l'espace des phases $(v, \dot{u})$:

  - L'adaptation est décrite par un cycle limite régulier
  - l'accommodation est décrite par des cycles limites non réguliers.

• Les cycles limites ne dépendent pas des conditions initiales.

• Le déplacement total u dépend des conditions initiales. On confirme que l'espace de phase initial $(u, u_p, \dot{u})$ ne peut pas être associé à des cycles limites.

• En réalité, les orbites sont complètement caractérisées dans l'espace $(v, \dot{u}, \tau)$.

• Les simulations numériques montrent que ces orbites périodiques sont asymptotiquement stables pour toutes les perturbations.

• Tous les cycles limites sont symétriques (symétrie centrale).

• Les formes du cycle limite dépendent des paramètres structuraux (f_0, ω, ζ), ce qui lie les propriétés dynamiques du système aux propriétés mécaniques.

Cette étude sera enrichie par l'introduction d'un chargement périodique asymétrique dans le cas de l'oscillateur élastoplastique parfait (chapitre IV). Ceci ne modifie nullement la procédure numérique.

Chapitre IV :

OSCILLATEUR ELASTOPLASTIQUE ASYMETRIQUE AMORTI

IV.1 - Introduction	99
IV.2 - Analyse de l'oscillateur élastoplastique amorti	101
IV.2.1 - Le système physique	101
IV.2.2 - Le système dynamique	103
IV.2.3 - Equations du mouvement	103
IV.3 - Equivalence avec un chargement asymétrique	105
IV.4 - Vibrations forcées	107
IV.5 - Analyse numérique de l'oscillateur périodiquement forcé	109
IV.6 - Analyse de stabilité de l'orbite (1,2)-périodique	114
IV.6.1 - Détermination du coefficient R pour l'analyse de stabilité	116
IV.6.2 - Taux de divergence $\overline{u}$ de l'effet de rochet	120
IV.6.3 - Comparaison entre la configuration symétrique et asymétrique	125
IV.7 - Conclusions générales du chapitre IV	127

IV.1 - Introduction

Qu'il s'agisse de constructions neuves ou de réévaluation du bâti existant, le calcul de structure de génie civil, soumises à des sollicitations de type sismique, se doit d'être le plus prédictif possible au regard des enjeux visant à la définition de critères optimaux de défaillance. Les progrès effectués ces vingt dernières années dans le domaine du calcul numérique et de la modélisation des matériaux ont permis de grandement améliorer la qualité des analyses effectuées. Dans la conception sismique les éléments structuraux avec boucles d'hystérésis peuvent présenter une grande forme d'asymétrie due à une asymétrie de géométrie, des conditions aux limites, ou aux propriétés des matériaux. Cette notion d'asymétrie est étroitement liée au concept du phénomène de rochet, qui se caractérise par une évolution sans limite des variables d'état (Lemaitre et Chaboche, 1990). Une telle accumulation de la déformation (ou déplacement) peut être inacceptable pour la sécurité ou la fiabilité du comportement de la structure. Une large littérature est consacrée à ce phénomène dans le domaine de la mécanique des matériaux, en particulier quand la plasticité est prédominante (Chaboche, 1994). On retrouve aussi une large littérature sur ce phénomène dans d'autres domaines de la physique (Feynman et al, 1966) par exemple pour les moteurs moléculaires (Reimann, 2002). L'analyse dynamique du phénomène de rochet élastoplastique a finalement été peu étudiée. L'étude de ce phénomène en régime dynamique est récente, comme en témoigne l'article de (Ahn et al, 2006) qui étudia l'oscillateur élastoplastique symétrique soumis à une excitation avec double fréquence. La dynamique du modèle de Bouc-Wen asymétrique a été étudiée numériquement par Song et Kiureghian (2006). Enfin l'étude sur la stabilité et de la dynamique de l'oscillateur élastoplastique asymétrique est traitée par Challamel et al (2007) ainsi que Hammouda (2008).
Il est intéressant de noter que la dynamique des oscillateurs élastoplastiques est étroitement liée à l'étude des systèmes dynamiques non réguliers, en raison du caractère non régulier de la loi de comportement élastoplastique.

Afin de poursuivre la recherche sur l'oscillateur élastoplastique à un degré de liberté, nous abordons dans ce chapitre IV des questions de stabilité et de dynamique de l'oscillateur élastoplastique parfait asymétrique, amorti, sollicité par une pulsation harmonique. On montre dans la première partie que le système hystérétique s'écrit comme un système autonome forcé. La dimension de l'espace des phases peut être réduite en utilisant des variables adéquates (vitesse, déplacement élastique). On examine les conditions à remplir par ce simple oscillateur asymétrique pour manifester l'effet de rochet. L'adaptation élastoplastique, qui peut se définir comme la capacité de l'oscillateur à converger vers un régime élastique stationnaire sans phases plastiques est aussi analysée. Cette propriété est très importante pour le système structurel, afin d'en assurer sa pérennité (Challamel, 2005). La vibration forcée d'un tel oscillateur est analysée par une approche numérique.

La stabilité de l'évolution périodique de la stabilité est étudiée en utilisant les outils classiques des systèmes dynamiques non réguliers (Awrejcewicz et Lamarque, 2003). Le raccordement de chaque solution par contre, est rarement possible de manière analytique, puisque le temps de transition entre chaque état est obtenu à partir d'une équation transcendante. La méthode de localisation des temps de transition est alors utilisée (Shaw et Holmes, 1983), en calculant le temps de transition à partir de la méthode de Newton-Raphson qui résout ces équations non linéaires.

IV.2 - Analyse de l'oscillateur élastoplastique amorti

IV.2.1 – Le système physique

On considère le système physique à un seul degré de liberté (Figure IV.1), système qui se compose d'une masse M qui est attachée à un ressort élastoplastique, et avec un coefficient d'amortissement (nécessairement positif) noté C. Le système inélastique est soumis à une force extérieure harmonique F(t) définie par son amplitude F_0 et sa pulsation Ω.

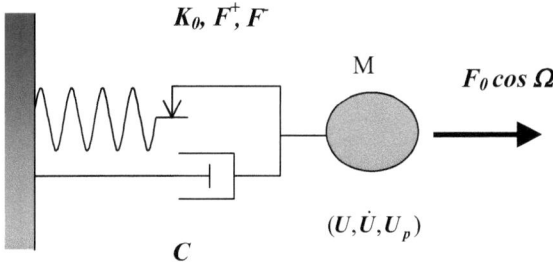

Figure IV.1 - Système élastoplastique avec amortissement.

Cet oscillateur (Figure IV.1) se caractérise par sa position U, sa vitesse $\dot{U}$ et une variable interne plastique noté U_p, appelée le déplacement plastique.

La loi incrémentale inélastique (élastoplastique pour ce ressort inélastique asymétrique) est illustrée en Figure IV.2. Le modèle élastoplastique parfait asymétrique dépend de trois paramètres, la raideur K_0, la force maximum F^+ et la force minimum F^-.

U_y est le déplacement initial élastique avec : $\quad U_y = \dfrac{F^+}{K_0} \quad$ (IV.1)

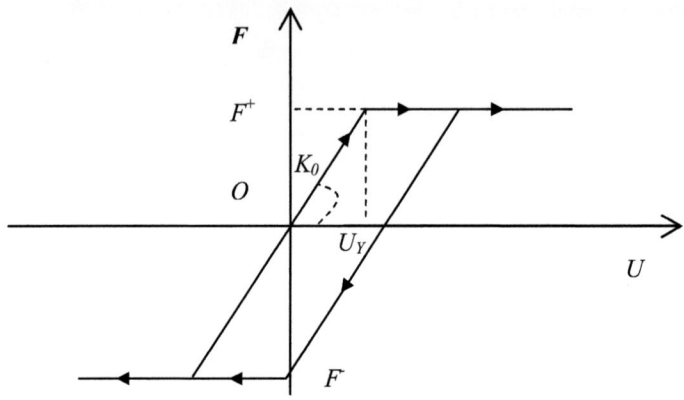

Figure IV.2 - Loi incrémentale plastique pour ressort inélastique, cas asymétrique : $|F^+| \neq |F^-|$

IV.2.2 - Le système dynamique

Deux types d'état peuvent être distingués pour ce système inélastique (voir aussi Pratap et al., 1994 ; Challamel et al., 2006 ; Challamel et al., 2007). Ces deux états correspondent à un état réversible $\hat{E}$ (ou état élastique) et un état irréversible $\hat{P}$ (ou état élastoplastique), associé à une évolution du déplacement plastique. L'état plastique $\hat{P}$ peut lui-même être décomposé en deux sous-états $\hat{P}^+$ et $\hat{P}^-$, en fonction du signe du déplacement élastique ($U - U_p$).

IV.2.3 - Equations du mouvement

Les équations du mouvement de cet oscillateur élastoplastique amorti peuvent s'écrire :

$$\left| \begin{array}{l} \text{état } \hat{E} : M\ddot{U} + C\dot{U} + K_0(U - U_p) = F(t); \dot{U}_p = 0 \\ \text{état } \hat{P}^+ : M\ddot{U} + C\dot{U} + F^+ = F(t); \dot{U}_p = \dot{U} \\ \text{état } \hat{P}^- : M\ddot{U} + C\dot{U} + F^- = F(t); \dot{U}_p = \dot{U} \end{array} \right. \quad \text{Avec } F(t) = F_0 \cos\Omega t. \tag{IV.2}$$

Cet oscillateur a potentiellement une résistance en traction et en compression qui n'est pas égale (si $|F^+| \neq |F^-|$). Chaque état est défini à partir d'une partition de l'espace des phases $(U, \dot{U}, U_p)$:

$$\left| \begin{array}{l} \text{état } \hat{E} : \left(F^- < K_0(U - U_p) < F^+\right) ou \left[\left(K_0(U - U_p) = F^+\right) et \left(\dot{U}(U - U_p) \leq 0\right)\right] \\ \quad ou \left[\left(K_0(U - U_p) = F^-\right) et \left(\dot{U}(U - U_p) \leq 0\right)\right] \\ \text{état } \hat{P}^+ : \left(K_0(U - U_p) = F^+\right) et \dot{U} \geq 0 \\ \text{état } \hat{P}^- : \left(K_0(U - U_p) = F^-\right) et \dot{U} \leq 0 \end{array} \right. \tag{IV.3}$$

Il s'agit clairement d'un système linéaire par morceaux (système néanmoins non régulier). Les variables adimensionnelles suivantes peuvent être introduites:

$$(u, \dot{u}, u_p) = \left(\frac{U}{U_Y}, \frac{\dot{U}}{U_Y}, \frac{U_p}{U_Y} \right) \tag{IV.4}$$

Les nouvelles dérivées temporelles s'effectuent en fonction de la variable τ :

$$\tau = \frac{t}{t^*} \quad \text{Avec}: t^* = \sqrt{\frac{M}{K_0}} \tag{IV.5}$$

Le paramètre ε peut aussi être introduit, afin de quantifier l'asymétrie de résistance :

$$\frac{F^-}{F^+} = -1 - \varepsilon \quad \text{Avec}: \varepsilon > 0 \tag{IV.6}$$

ε est supposé être positif, induisant une résistance en compression plus grande que celle en traction. De plus, la dimension de l'espace des phases peut être réduite, en introduisant le déplacement élastique :

$$v = u - u_p \tag{IV.7}$$

Le nouvel espace des phases est donc réduit à $(v, \dot{u})$. On peut remarquer que le déplacement élastique n'est rien d'autre que la force associée au système dynamique adimensionnel. Ainsi, le nouveau système dynamique s'écrit :

$$\left| \begin{array}{l} \text{état } \hat{E} : \ddot{u} + 2\zeta\dot{u} + v = f_0 \cos\omega\tau \, ; \, \dot{v} = \dot{u} \\ \text{état } \hat{P}^+ : \ddot{u} + 2\zeta\,\dot{u} + 1 = f_0 \cos\omega\tau \, ; \, \dot{v} = 0 \\ \text{état } \hat{P}^- : \ddot{u} + 2\zeta\,\dot{u} - (1+\varepsilon) = f_0 \cos\omega\tau \, ; \, \dot{v} = 0 \end{array} \right. \quad \text{Avec} \quad \left| \begin{array}{l} f_0 = \dfrac{F_0}{F^+} \\ \omega = \Omega\sqrt{\dfrac{M}{K_0}} \\ \zeta = \dfrac{C}{2\sqrt{MK_0}} \end{array} \right. \tag{IV.8}$$

ζ est l'amortissement réduit. La partition de l'espace des phases $(v,\dot{u})$ est donnée ci-dessous:

$$\left| \begin{array}{l} \text{état } \hat{E} : (-1-\varepsilon < v < 1) \, ou \, [(v=1) \, and \, (\dot{u}v \leq 0)] \, ou \, [(v=-1-\varepsilon) \, et \, (\dot{u}v \leq 0)] \\ \text{état } \hat{P}^+ : (v=1) \, et \, \dot{u} \geq 0 \\ \text{état } \hat{P}^- : (v=-1-\varepsilon) \, et \, \dot{u} \leq 0 \end{array} \right.$$
(IV.9)

IV.3 – Equivalence avec un chargement asymétrique

L'équivalence entre un chargement asymétrique et une résistance asymétrique est maintenant étudiée. Considérons l'oscillateur élastoplastique parfait symétrique $(\varepsilon = 0)$, sollicité par un chargement composé d'une partie périodique ($F_0 \cos \Omega t$) et d'une partie stationnaire (ΔF_0):

$$\left| \begin{array}{l} \text{état } \hat{E} : M\ddot{U} + C\dot{U} + K_0(U - U_p) = F(t); \, \dot{U}_p = 0 \\ \text{état } \hat{P}^+ : M\ddot{U} + C\dot{U} + F^+ = F(t); \, \dot{U}_p = \dot{U} \\ \text{état } \hat{P}^- : M\ddot{U} + C\dot{U} - F^+ = F(t); \, \dot{U}_p = \dot{U} \end{array} \right. \quad \text{avec} \quad F(t) = F_0 \cos \Omega t + \Delta F_0$$
(IV.10)

Chaque état est défini à partir d'une partition de l'espace des phases $(U, \dot{U}, U_p)$:

$$\left| \begin{array}{l} \text{état } \hat{E} : \left(|U - U_p| < U_Y\right) ou \left[\left(|U - U_p| = U_Y\right) et \left(\dot{U}(U - U_p) \leq 0\right)\right] \\ \text{état } \hat{P}^+ : \left(U - U_p = U_Y\right) et \, \dot{U} \geq 0 \\ \text{état } \hat{P}^- : \left(U - U_p = -U_Y\right) et \, \dot{U} \leq 0 \end{array} \right.$$
(IV.11)

Les variables adimensionnelles introduites précédemment sont maintenant utilisées :

$$\left| \begin{array}{l} \text{état } \hat{E} : \ddot{u} + 2\zeta \dot{u} + v = \Delta f_0 + f_0 \cos \omega \tau \, ; \, \dot{v} = \dot{u} \\ \text{état } \hat{P}^+ : \ddot{u} + 2\zeta \dot{u} + 1 = \Delta f_0 + f_0 \cos \omega \tau \, ; \, \dot{v} = 0 \\ \text{état } \hat{P}^- : \ddot{u} + 2\zeta \dot{u} - 1 = \Delta f_0 + f_0 \cos \omega \tau \, ; \, \dot{v} = 0 \end{array} \right. \quad \text{Avec :} \quad \Delta f_0 = \frac{\Delta F_0}{F^+}$$

(IV.12)

Avec les trois états définis par:

$$\left| \begin{array}{l} \text{état } \hat{E} : (|v|<1) \, ou \, [(|v|=1) \, et \, (\dot{u}v \le 0)] \\ \text{état } \hat{P}^+ : (v=1) \, et \, \dot{u} \ge 0 \\ \text{état } \hat{P}^- : (v=-1) \, et \, \dot{u} \le 0 \end{array} \right.$$

(IV.13)

Le changement suivant de variables peut être choisi:

$$\left| \begin{array}{l} \hat{u} = \dfrac{u}{1-\Delta f_0} \\ \hat{v} = \dfrac{v - \Delta f_0}{1-\Delta f_0} \end{array} \right. \text{ et } \left| \begin{array}{l} \hat{f}_0 = \dfrac{f_0}{1-\Delta f_0} \\ \hat{\varepsilon} = \dfrac{2\Delta f_0}{1-\Delta f_0} \end{array} \right.$$

(IV.14)

Sans difficulté, on convertit l'équation (IV.12) en:

$$\left| \begin{array}{l} \text{état } \hat{E} : \ddot{\hat{u}} + 2\zeta \dot{\hat{u}} + \hat{v} = \hat{f}_0 \cos \omega\tau \, ; \, \dot{\hat{v}} = \dot{\hat{u}} \\ \text{état } \hat{P}^+ : \ddot{\hat{u}} + 2\zeta \dot{\hat{u}} + 1 = \hat{f}_0 \cos \omega\tau \, ; \, \dot{\hat{v}} = 0 \\ \text{état } \hat{P}^- : \ddot{\hat{u}} + 2\zeta \dot{\hat{u}} - (1+\hat{\varepsilon}) = \hat{f}_0 \cos \omega\tau \, ; \, \dot{\hat{v}} = 0 \end{array} \right.$$

(IV.15)

Avec la définition suivante de chaque état:

$$\left| \begin{array}{l} \text{état } \hat{E} : (-1-\hat{\varepsilon} < \hat{v} < 1) \, ou \, [(\hat{v}=1) \, et \, (\dot{\hat{u}}\hat{v} \le 0)] \, ou \, [(\hat{v}=-1-\hat{\varepsilon}) \, et \, (\dot{\hat{u}}\hat{v} \le 0)] \\ \text{état } \hat{P}^+ : (\hat{v}=1) \, et \, \dot{\hat{u}} \ge 0 \\ \text{état } \hat{P}^- : (\hat{v}=-1-\hat{\varepsilon}) \, et \, \dot{\hat{u}} \le 0 \end{array} \right.$$

(IV.16)

On reconnaît dans (IV.15) et (IV.16), le système d'équations donné par (IV.8) et (IV.9) avec les nouvelles variables. En d'autres termes, l'examen d'une asymétrie de la force $(|F^-| \ne |F^+|)$ et d'un chargement asymétrique $(\Delta F_0 \ne 0)$ est strictement équivalent pour ce système structural simple. Pour la suite, le système dynamique initial (IV.8) et (IV.9) sera étudié.

IV.4 – Vibrations forcées

Les solutions de l'oscillateur périodiquement forcé dont les équations sont données par (IV.8), sont connues explicitement pour chaque état. Les conditions initiales au début de chaque état s'écrivent :

$$[v(\tau_i), \dot{u}(\tau_i)] = (v_i, \dot{u}_i). \tag{IV.17}$$

La solution pour l'état $\hat{E}$ est la suivante:

$$v(\tau) = \left(\begin{array}{l} \cos\left(\sqrt{1-\zeta^2}(\tau-\tau_i)\right) * \left(v_i - f_0 \dfrac{(1-\omega^2)\cos(\omega\tau_i) + 2\omega\zeta\sin(\omega\tau_i)}{(1-\omega^2)^2 + 4\omega^2\zeta^2} \right) + \sin\left(\sqrt{1-\zeta^2}(\tau-\tau_i)\right) \\ * \dfrac{v_i\zeta + \dot{u}_i}{\sqrt{1-\zeta^2}} + f_0 \dfrac{-\zeta(1+\omega^2)\cos(\omega\tau_i) + \omega(1-\omega^2 - 2\zeta^2)\sin(\omega\tau_i)}{\sqrt{1-\zeta^2}\left((1-\omega^2)^2 + 4\omega^2\zeta^2\right)} \end{array} \right) e^{-\zeta(\tau-\tau_i)}$$

$$+ f_0 \dfrac{(1-\omega^2)\cos(\omega\tau) + 2\omega\zeta\sin(\omega\tau)}{(1-\omega^2)^2 + 4\zeta^2\omega^2}$$

$$\dot{u}(\tau) = \left(\begin{array}{l} \cos\left(\sqrt{1-\zeta^2}(\tau-\tau_i)\right)\left(\dot{u}_i + f_0 \left(\dfrac{-2\omega^2\zeta\cos(\omega\tau_i) + \omega(1-\omega^2)\sin(\omega\tau_i)}{(1-\omega^2)^2 + 4\omega^2\zeta^2} \right) \right) + \sin\left(\sqrt{1-\zeta^2}(\tau-\tau_i)\right) \\ * - \dfrac{v_i + \dot{u}_i\zeta}{\sqrt{1-\zeta^2}} + f_0 \dfrac{\cos(\omega\tau_i)(2\omega^2\zeta^2 + 1 - \omega^2) + \sin(\omega\tau_i)(\omega\zeta(1+\omega^2))}{\sqrt{1-\zeta^2}\left((1-\omega^2)^2 + 4\omega^2\zeta^2\right)} \end{array} \right) e^{-\zeta(\tau-\tau_i)}$$

$$+ \omega f_0 \dfrac{2\omega\zeta\cos(\omega\tau) - (1-\omega^2)\sin(\omega\tau)}{(1-\omega^2)^2 + 4\zeta^2\omega^2}$$

(IV.18)

La solution de l'état $\hat{P}$ est la suivante:

$$\begin{cases} v(\tau) = v_i = 1 \text{ ou } v(\tau) = v_i = -1 - \varepsilon \\ \dot{u}(\tau) = \left(\dot{u}_i + \dfrac{v_i}{2\zeta} - f_0 \dfrac{2\zeta\cos(\omega\tau_i) + \omega\sin(\omega\tau_i)}{4\zeta^2 + \omega^2} \right) e^{-2\zeta(\tau-\tau_i)} - \dfrac{v_i}{2\zeta} + f_0 \dfrac{2\zeta\cos(\omega\tau) + \omega\sin(\omega\tau)}{4\zeta^2 + \omega^2} \end{cases}$$

(IV.19)

Le raccordement de chaque solution par contre, est rarement possible de manière analytique, puisque le temps de transition entre chaque état est obtenu à partir d'une équation transcendante. La méthode de localisation des temps de transition est alors utilisée (Shaw et al., 1983), en calculant le temps de transition τ_{i+1} à partir de la méthode de Newton-Raphson.

L'équation non linéaire à résoudre est donnée par (IV.18) quand l'état initial est **élastique** :

$$v(\tau_{i+1}) = 1 \ ou \ v(\tau_{i+1}) = -1 - \varepsilon \qquad (IV.20)$$

Cependant l'équation non linéaire à résoudre est donnée par (IV.19), quand l'état initial est **plastique** :

$$\dot{u}(\tau_{i+1}) = 0 \qquad (IV.21)$$

Le nouveau temps τ_{i+1} est utilisé pour l'équation de mouvement dans la nouvelle zone parcourue.

IV.5 - Analyse numérique de l'oscillateur périodiquement forcé

On calcule le temps de transition τ_{i+1} à partir de la méthode de Newton-Raphson. Cette méthode est considérablement plus précise que les méthodes numériques classiques des systèmes différentiels ordinaires, la seule approximation étant localisée au niveau de la détermination des temps de transition. L'analyse numérique montre que toutes les trajectoires tendent vers une orbite périodique asymptotiquement stable. La période des ces orbites périodiques est égale à $2\pi/\omega$. La forme des cycles limites qui apparaissent dans le plan $(v,\dot{u})$, dépend des valeurs des paramètres structuraux $(f_0,\omega,\zeta,\varepsilon)$. L'adaptation élastoplastique se traduit par un cycle limite régulier (Figure IV.3), tandis que les orbites élastoplastiques ont un cycle limite non-régulier dans l'espace des phases. De surcroît, dans le cas asymétrique $(\varepsilon \neq 0)$, tous les cycles limites contenant des phases plastiques sont des cycles asymétriques (sans symétrie centrale par rapport à l'origine). En conséquence de cette perte de propriété de symétrie, la nature périodique dans l'espace réduit $(v,\dot{u})$ conduit à la divergence dans l'espace initial $(u,u_p,\dot{u})$. L'effet de rochet est alors observé dans le cas asymétrique $(\varepsilon \neq 0)$ (voir Figure IV.4), tandis que l'accomodation avec des évolutions bornées est observée dans le cas symétrique $(\varepsilon = 0)$ (Figure IV.5). En conséquence, la frontière d'adaptation est aussi une frontière de l'effet de rochet dans le cas asymétrique. Cette frontière ne dépend pas du paramètre asymétrique, et est donnée par (voir aussi Figure IV.6):

$$f_0 = \sqrt{(1-\omega^2)^2 + 4\omega^2\zeta^2} \qquad \text{(IV.22)}$$

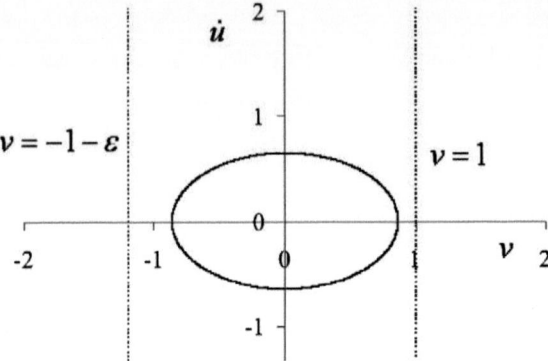

Figure IV.3 - Adaptation élastoplastique:
$\zeta = 0.1; f_0 = 0.4; \omega = 0.75; \varepsilon = 0.2$.

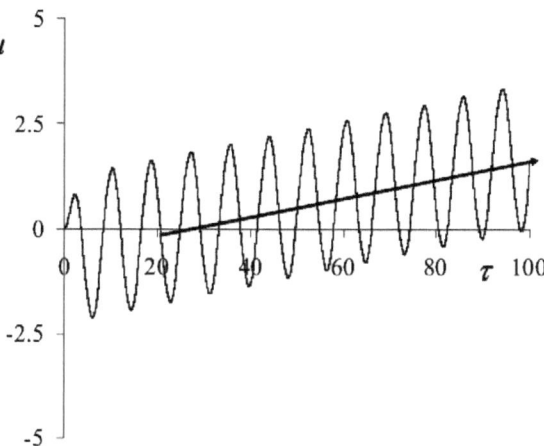

Figure IV.4 – Effet de rochet.
$\zeta = 0.1; f_0 = 0.8; \omega = 0.75; \varepsilon = 0.05$; $u_0 = u_{p0} = \dot{u}_0 = 0$

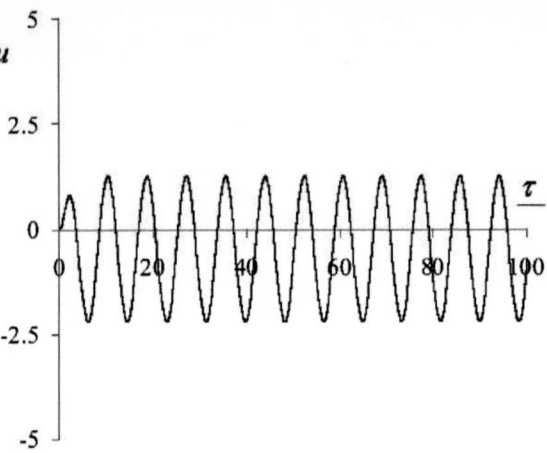

Figure IV.5 – Accomodation - $\zeta = 0; f_0 = 0.8; \omega = 0.75; \varepsilon = 0.$
$u_0 = u_{p0} = \dot{u}_0 = 0$

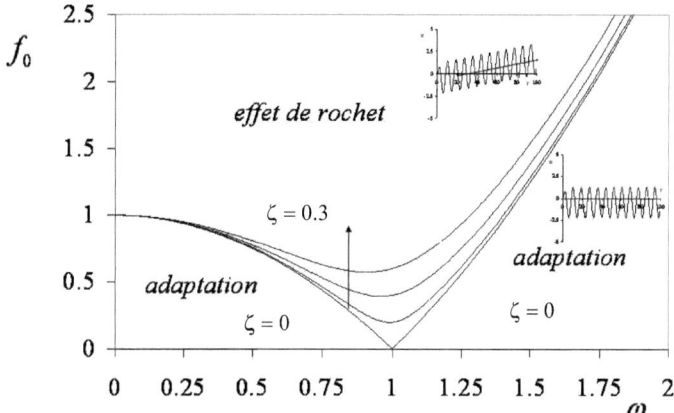

Figure IV.6 - Frontière entre l'adaptation élastoplastique et l'effet de rochet dans l'espace $(\omega, f_0); \zeta \in [0, 0.1, 0.2, 0.3]$, $\varepsilon > 0$.

IV.6 - Analyse de stabilité de l'orbite (1,2)-périodique

L'orbite (1,2)-périodique est caractérisée par les temps de transition τ_0, τ_1, τ_2, τ_3 et τ_4 :

- τ_0 est le temps au début de la phase élastique qui suit la phase plastique P^-,
- τ_1 est le temps à la fin de la phase élastique,
- τ_2 est le temps à la fin de la phase plastique P^+,
- τ_3 est le temps au début de la phase plastique P^+,
- Et finalement τ_4 est le temps à la fin de cette phase plastique (voir Figure IV.7).

Puisque le mouvement est périodique, on a:

$$\tau_4(\tau_0) - \tau_0 = \frac{2\pi}{\omega} \tag{IV.23}$$

Pour retrouver ces temps de transition on aura à résoudre un système non linéaire de sept équations à sept inconnues (Voir Masri et al, 1979, pour le système avec écrouissage) définies par les équations (IV.18 et IV.19), comme suit:

$$\left| \begin{array}{l} \text{état } \hat{E} \quad : v(\tau_0, \tau_1) = 1; \dot{u}_1 = \dot{u}(\tau_0, \tau_1) \\ \text{état } \hat{P}^+ : \dot{u}(\tau_1, \tau_2, \dot{u}_1) = 0 \\ \text{état } \hat{E} \quad : v(\tau_2, \tau_3) = 1; \dot{u}_3 = \dot{u}(\tau_2, \tau_3) \\ \text{état } \hat{P}^- : \dot{u}(\tau_3, \tau_4, \dot{u}_3) = 0 \\ \tau_4 - \tau_0 = \dfrac{2\pi}{\omega} \end{array} \right. \tag{IV.24}$$

Les sept inconnues sont $(\tau_0, \tau_1, \dot{u}_1, \tau_2, \tau_3, \dot{u}_3, \tau_4)$. Challamel et Gilles (2006) montrent que ce système n'admet pas forcément de solutions.

L'analyse de stabilité de l'orbite (1,2)-périodique est similaire à l'analyse de stabilité développée par (Masri et Caughey, 1966) pour un système à impact. Le facteur d'amplification R peut être introduit à partir de :

$$\Delta\tau_2 = R'\Delta\tau_0 \quad \text{et} \quad \Delta\tau_4 = R''\Delta\tau_2 \tag{IV.25}$$

L'analyse de stabilité dépend de la valeur de R :

$$\Delta \tau_4 = R \Delta \tau_0 \quad \text{avec} \quad R = R'.R'' \tag{IV.26}$$

L'existence de l'orbite (1,2) périodique n'est pas garantie quelque soit la valeur des paramètres structuraux $(f_0, \omega, \zeta, \varepsilon)$.

L'orbite (1,2)-périodique est asymptotiquement stable si la valeur absolue de R est plus petite que 1. Le calcul de R peut être obtenu de manière asymptotique (Challamel *et al.*, 2007) :

$$R = e^{-2\zeta(\tau_4-\tau_3+\tau_2-\tau_1)} e^{-\zeta(\tau_3-\tau_2+\tau_1-\tau_0)} \left[-\cos\left(\sqrt{1-\zeta^2}(\tau_3-\tau_2)\right) + \frac{\zeta}{\sqrt{1-\zeta^2}} \sin\left(\sqrt{1-\zeta^2}(\tau_3-\tau_2)\right) \right]$$
$$\left[-\cos\left(\sqrt{1-\zeta^2}(\tau_1-\tau_0)\right) + \frac{\zeta}{\sqrt{1-\zeta^2}} \sin\left(\sqrt{1-\zeta^2}(\tau_1-\tau_0)\right) \right] \tag{IV.27}$$

Dans le cas du système sans amortissement $(\zeta = 0)$, le facteur d'amplification se simplifie en:

$$R = [\cos(\tau_3 - \tau_2)][\cos(\tau_1 - \tau_0)] \tag{IV.28}$$

Cette dernière équation (IV.28) montre clairement que la valeur absolue de R est plus petite que l'unité, et conduit donc à la stabilité asymptotique de l'orbite (1,2)-périodique.

Il est possible de vérifier **numériquement** que la **stabilité asymptotique** prévaut aussi pour le système amorti $(\zeta \neq 0)$.

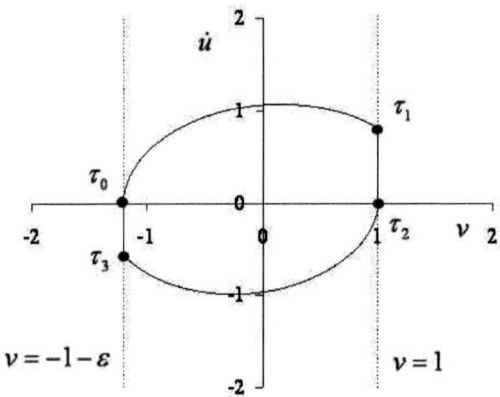

Figure IV.7 - Détermination des temps caractéristiques pour l'orbite (1,2) –périodique : $\zeta = 0.1$; $f_0 = 0.6$; $\omega = 0.75$; $\varepsilon = 0.2$.

IV.6.1 - Détermination du coefficient R pour l'analyse de stabilité

Pour le système **asymétrique** ($\varepsilon \neq 0$), le facteur d'amplification de la perturbation R est :

$$R = R'R'' \tag{IV.29}$$

- **Calcul de R' :**

$$R' = B'_{11}A'_{11} + B'_{13}A'_{31} \tag{IV.30}$$

Le premier coefficient à déterminer A'_{11} est défini comme suit :

$$\Delta\tau_1 = A'_{11}\Delta\tau_0 \quad \text{Avec} \quad A'_{11} = -\frac{\dfrac{\partial v(\tau_0,\tau_1)}{\partial \tau_0}}{\dfrac{\partial v(\tau_0,\tau_1)}{\partial \tau_1}} \tag{IV.31}$$

A'_{11} est finalement trouvé :

$$A'_{11} = \frac{(1+\varepsilon) + f_0 \cos\omega\tau_0}{\dot{u}_1\sqrt{1-\varsigma^2}} e^{-\varsigma(\tau_1-\tau_0)} \sin\left(\sqrt{1-\varsigma^2}(\tau_1-\tau_0)\right) \tag{IV.32}$$

$\dot{u}_1$ est le déplacement à la fin de la phase élastique.

Le terme A'_{31} peut être déduit de :

$$A'_{31} = \frac{\partial \ddot{u}_1(\tau_0,\tau_1)}{\partial \tau_0} + A'_{11}\frac{\partial \ddot{u}_1(\tau_0,\tau_1)}{\partial \tau_1} \tag{IV.33}$$

Le terme de l'équation (IV.33) est détaillé dans ce qui suit :

$$\frac{\partial \ddot{u}_1(\tau_0,\tau_1)}{\partial \tau_1} = -1 - 2\varsigma\dot{u}_1 + f_0\cos\omega\tau_1 \tag{IV.34}$$

Et:

$$\frac{\partial \dot{u}_1(\tau_0,\tau_1)}{\partial \tau_0} = \left((1+\varepsilon) + f_0 \cos\omega\tau_0\right) e^{-\varsigma(\tau_1-\tau_0)} \left[-\cos\left(\sqrt{1-\varsigma^2}(\tau_1-\tau_0)\right) + \frac{\varsigma}{\sqrt{1-\varsigma^2}} \sin\left(\sqrt{1-\varsigma^2}(\tau_1-\tau_0)\right)\right]$$

Le même raisonnement peut être appliqué à la détermination de B'_{11} et B'_{13} ,, et obtenu à partir de la fonction $\dot{u}_2(\dot{u}_1,\tau_1,\tau_2)$:

$$B'_{11} = -\frac{\dfrac{\partial \dot{u}_2(\dot{u}_1,\tau_1,\tau_2)}{\partial \tau_1}}{\dfrac{\partial \dot{u}_2(\dot{u}_1,\tau_1,\tau_2)}{\partial \tau_2}} \qquad B'_{13} = -\frac{\dfrac{\partial \dot{u}_2(\dot{u}_1,\tau_1,\tau_2)}{\partial \dot{u}_1}}{\dfrac{\partial \dot{u}_2(\dot{u}_1,\tau_1,\tau_2)}{\partial \tau_2}}$$

(IV.36)

Ces termes sont calculés comme suit :

$$B'_{11} = \frac{e^{-2\varsigma(\tau_2-\tau_1)}}{1-f_0 \cos\omega\tau_2}(1+2\varsigma\dot{u}_1 - f_0 \cos\omega\tau_1) \quad \text{et} \quad B'_{13} = \frac{e^{-2\varsigma(\tau_2-\tau_1)}}{1-f_0 \cos\omega\tau_2} \qquad (IV.37)$$

- Calcul de R' : $R' = B'_{11} A'_{11} + B'_{13} A'_{31}$

L'équation (IV.37) est détaillée ci-dessous:

$$R' = e^{-2\varsigma(\tau_2-\tau_1)} e^{-\varsigma(\tau_1-\tau_0)} \frac{(1+\varepsilon) + f_0 \cos\omega\tau_0}{1-f_0 \cos\omega\tau_2} \left[-\cos\left(\sqrt{1-\varsigma^2}(\tau_1-\tau_0)\right) + \frac{\varsigma}{\sqrt{1-\varsigma^2}} \sin\left(\sqrt{1-\varsigma^2}(\tau_1-\tau_0)\right)\right]$$

(IV.38)

Pour le cas particulier $\varepsilon = 0$ et $\tau_2 = \tau_0 + \dfrac{\pi}{\omega}$ conduit à la valeur suivante de R' (semblable au cas symétrique du chapitre III, équation III.47) :

$$R' = e^{-\varsigma\left(\tau_0 - \tau_1 + \frac{2\pi}{\omega}\right)} * \left[-\cos\left(\sqrt{1-\varsigma^2}(\tau_1 - \tau_0)\right) + \frac{\varsigma}{\sqrt{1-\varsigma^2}} \sin\left(\sqrt{1-\varsigma^2}(\tau_1 - \tau_0)\right) \right]$$

(IV.39)

Le calcul de R'' est similaire à celui de R', donné par l'équation (IV.38):

$$R'' = e^{-2\varsigma(\tau_4-\tau_3)} e^{-\varsigma(\tau_3-\tau_2)} \frac{1 - f_0 \cos\omega\tau_2}{(1+\varepsilon) + f_0 \cos\omega\tau_4} \left[-\cos\left(\sqrt{1-\varsigma^2}(\tau_3 - \tau_2)\right) + \frac{\varsigma}{\sqrt{1-\varsigma^2}} \sin\left(\sqrt{1-\varsigma^2}(\tau_3 - \tau_2)\right) \right]$$

(IV.40)

Pour les mêmes raisons, le cas particulier de $\varepsilon = 0$ conduit aussi au simple résultat:

$$R'' = R'$$

(IV.41)

Finalement, pour le cas général ($\varepsilon \neq 0$), le facteur d'amplification de la perturbation R :

$$R = e^{-2\varsigma(\tau_4 - \tau_3 + \tau_2 - \tau_1)} e^{-\varsigma(\tau_3 - \tau_2 + \tau_1 - \tau_0)} \left[-\cos\left(\sqrt{1-\varsigma^2}(\tau_3 - \tau_2)\right) + \frac{\varsigma}{\sqrt{1-\varsigma^2}} \sin\left(\sqrt{1-\varsigma^2}(\tau_3 - \tau_2)\right) \right]$$

$$\left[-\cos\left(\sqrt{1-\varsigma^2}(\tau_1 - \tau_0)\right) + \frac{\varsigma}{\sqrt{1-\varsigma^2}} \sin\left(\sqrt{1-\varsigma^2}(\tau_1 - \tau_0)\right) \right]$$

(IV.42)

IV.6.2 – Taux de divergence de l'effet de rochet

Lorsque l'effet de rochet prévaut, il est intéressant de quantifier le taux de divergence qui caractérise l'évolution vers la rupture. Le facteur de divergence $\bar{\dot{u}}$ (valeur moyenne du taux de déplacement) est introduit:

$$(\text{IV.43}) \quad \bar{\dot{u}} = \frac{1}{T}\int_{\tau_0}^{\tau_0+T} \dot{u}(\tau)d\tau$$

Dans le cas des orbites (1,2)-périodiques, le taux de divergence peut s'écrire comme:

$$\bar{\dot{u}} = \frac{\omega}{2\pi}[u(\tau_4) - u(\tau_0)] \quad (\text{IV.44})$$

Le calcul intégral peut être décomposé en quatre parties:

$$\bar{\dot{u}} = \frac{\omega}{2\pi}\left[\int_{\tau_0}^{\tau_1}\dot{u}(\tau)d\tau + \int_{\tau_1}^{\tau_2}\dot{u}(\tau)d\tau + \int_{\tau_2}^{\tau_3}\dot{u}(\tau)d\tau + \int_{\tau_3}^{\tau_4}\dot{u}(\tau)d\tau\right] \quad (\text{IV.45})$$

Dans la phase élastique, l'intégrale peut être facilement simplifiée par:

$$\int_{\tau_0}^{\tau_1}\dot{u}(\tau)d\tau = \int_{\tau_0}^{\tau_1}\dot{v}(\tau)d\tau = v(\tau_1) - v(\tau_0) = 2+\varepsilon \quad \text{Et} \int_{\tau_2}^{\tau_3}\dot{u}(\tau)d\tau = v(\tau_3) - v(\tau_2) = -(2+\varepsilon) \quad (\text{IV.46})$$

Enfin, la détermination du taux de divergence $\bar{\dot{u}}$ nécessite seulement le calcul des deux intégrales en phase plastique:

$$\bar{\dot{u}} = \frac{\omega}{2\pi}\left[\int_{\tau_1}^{\tau_2}\dot{u}(\tau)d\tau + \int_{\tau_3}^{\tau_4}\dot{u}(\tau)d\tau\right] \quad (\text{IV.47})$$

De l'équation (IV.47), seulement les phases plastiques contrôlent l'évolution du taux de divergence $\bar{u}$ donné par l'équation (IV.19). Le calcul conduit au résultat suivant:

$$\bar{u} = -\frac{\omega}{4\pi\zeta}(e^{-2\zeta(\tau_2-\tau_1)} - 1)\left(\dot{u}_1 + \frac{1}{2\zeta} - f_0 \frac{2\zeta\cos(\omega\tau_1) + \omega\sin(\omega\tau_1)}{4\zeta^2 + \omega^2}\right) - \frac{\omega}{4\pi\zeta}(\tau_2 - \tau_1)$$
$$+ \frac{f_0}{4\zeta^2 + \omega^2}\left[\frac{\zeta}{\pi}(\sin(\omega\tau_2) - \sin(\omega\tau_1)) - \frac{\omega}{2\pi}(\cos(\omega\tau_2) - \cos(\omega\tau_1))\right]$$
$$- \frac{\omega}{4\pi\zeta}(e^{-2\zeta(\tau_4-\tau_3)} - 1)\left(\dot{u}_3 - \frac{1+\varepsilon}{2\zeta} - f_0 \frac{2\zeta\cos(\omega\tau_3) + \omega\sin(\omega\tau_3)}{4\zeta^2 + \omega^2}\right) + (1+\varepsilon)\frac{\omega}{4\pi\zeta}(\tau_4 - \tau_3)$$
$$+ \frac{f_0}{4\zeta^2 + \omega^2}\left[\frac{\zeta}{\pi}(\sin(\omega\tau_4) - \sin(\omega\tau_3)) - \frac{\omega}{2\pi}(\cos(\omega\tau_4) - \cos(\omega\tau_3))\right]$$

(IV.48)

L'équation (IV.48) peut être exprimée directement en fonctions des temps caractéristiques $(\tau_1, \tau_2, \tau_3, \tau_4)$ comme suit:

$$\bar{u} = -\frac{\omega}{4\pi\zeta}(1 - e^{2\zeta(\tau_2-\tau_1)})\left(\frac{1}{2\zeta} - f_0 \frac{2\zeta\cos(\omega\tau_2) + \omega\sin(\omega\tau_2)}{4\zeta^2 + \omega^2}\right) - \frac{\omega}{4\pi\zeta}(\tau_2 - \tau_1)$$
$$+ \frac{f_0}{4\zeta^2 + \omega^2}\left[\frac{\zeta}{\pi}(\sin(\omega\tau_2) - \sin(\omega\tau_1)) - \frac{\omega}{2\pi}(\cos(\omega\tau_2) - \cos(\omega\tau_1))\right]$$
$$- \frac{\omega}{4\pi\zeta}(1 - e^{2\zeta(\tau_4-\tau_3)})\left(-\frac{1+\varepsilon}{2\zeta} - f_0 \frac{2\zeta\cos(\omega\tau_4) + \omega\sin(\omega\tau_4)}{4\zeta^2 + \omega^2}\right) + (1+\varepsilon)\frac{\omega}{4\pi\zeta}(\tau_4 - \tau_3)$$
$$+ \frac{f_0}{4\zeta^2 + \omega^2}\left[\frac{\zeta}{\pi}(\sin(\omega\tau_4) - \sin(\omega\tau_3)) - \frac{\omega}{2\pi}(\cos(\omega\tau_4) - \cos(\omega\tau_3))\right]$$

(IV.49)

Il est facile de vérifier à partir de l'équation (IV.49), qu'aucun effet de rochet ne survient pour un système **symétrique** ($\varepsilon = 0$), avec des valeurs positives du coefficient d'amortissement :

$$\varepsilon = 0 \quad \Rightarrow \quad \begin{vmatrix} \tau_4 = \tau_2 + \dfrac{\pi}{\omega} \\ \tau_3 = \tau_1 + \dfrac{\pi}{\omega} \end{vmatrix} \quad \Rightarrow \quad \bar{u} = 0$$

(IV.50)

A partir de l'équation (IV.49), qui exprime le taux de divergence $\bar{u}$ en fonction du paramètre d'asymétrie ε, on trace l'évolution de $\bar{u}$ par rapport au paramètre asymétrique ε représenté en (Figure IV.8). Cette dernière figure montre que le taux de divergence du phénomène de rochet $\bar{u}$ augmente à mesure qu'augmente ε, et la règle de proportionnalité constitue une bonne approximation pour des valeurs suffisamment petites de ε,

$$\bar{u} \infty \varepsilon \qquad (IV.51)$$

En outre, un effet de seuil du phénomène de rochet est mis en évidence pour de grandes valeurs de ε, où le facteur de divergence ne dépend plus du paramètre d'asymétrie ε (voir Figure IV.9). Cet effet de seuil aux coordonnées $(\varepsilon = \varepsilon_c, \bar{u} = \bar{u}_c)$ est lié à la transition entre l'orbite (1,2) périodique à l'orbite (1,1) périodique et dont le taux de divergence pour cette dernière orbite, ne dépend pas du paramètre d'asymétrie ε (pour des valeurs suffisamment grandes).

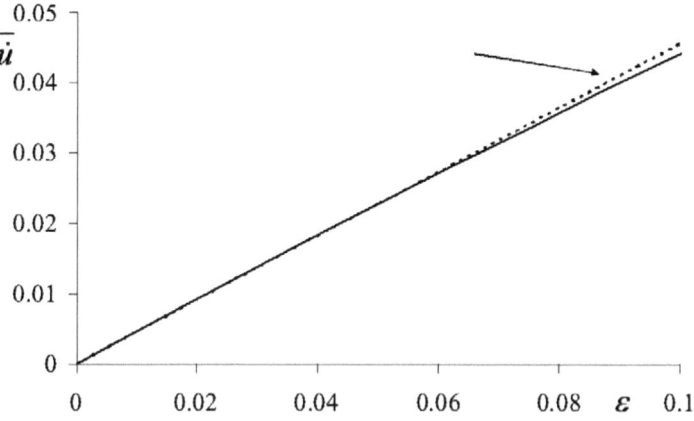

Figure IV.8 – Evolution du facteur du taux de divergence $\bar{u}$
par rapport au paramètre asymétrique ε :
$\zeta = 0.1; f_0 = 0.8; \omega = 0.75$.

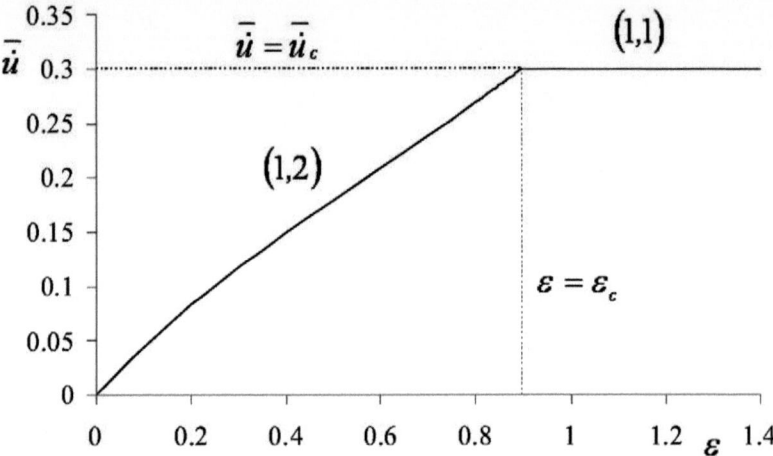

Figure IV.9 – Evolution du facteur du taux de divergence $\bar{u}$ par rapport au paramètre asymétrique ε : Effet de seuil du rochet $\zeta = 0.1; f_0 = 0.8; \omega = 0.75$.

IV.6.3 – Comparaison entre la configuration symétrique et asymétrique

La comparaison entre une configuration symétrique (chapitre III) et l'autre configuration asymétrique (chapitre IV), illustrée par la Figure IV.10, peut être menée pour deux domaines de résistances:

Domaine de résistance symétrique (cas B), qui conduit à la stabilité, que ce soit pour une symétrie de charge ou de résistance.
Domaine de résistance asymétrique (cas A), qui conduit à l'effet du rochet dynamique lorsque l'adaptation n'est pas atteinte.

A l'étude d'un tel modèle, où le paramètre ε supposé positif, induit une résistance en compression plus grande que celle en traction (Figure IV.10, cas A), on peut retenir qu'une configuration symétrique est facteur de stabilisation (Figure IV.10, cas B). A l'opposé, une configuration asymétrique (Figure IV.10, cas A) génère l'effet de rochet dynamique (en dehors de la zone d'adaptation). Ce principe peut conduire à certaines conclusions peu intuitives, à savoir que l'augmentation d'un domaine de résistance peut déstabiliser un système structurel, ce qui est bien sûr, n'est pas vérifié pour un système statique, décrit par les outils traditionnels de l'analyse limite. Cette propriété additionnelle de symétrie, doit certainement être prise en compte, comme un paramètre supplémentaire, dans la philosophie de conception sismique.

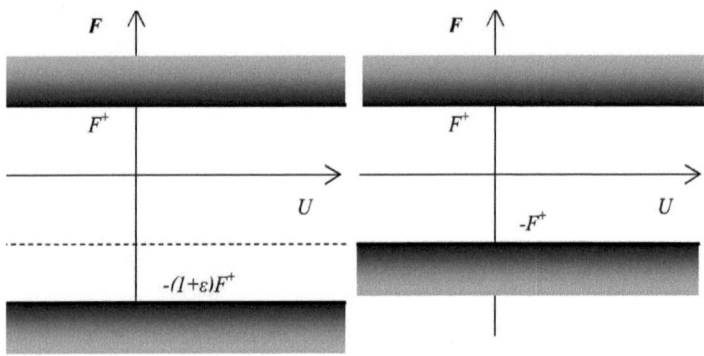

A – Le rochet dynamique   B - Accomodation

Figure IV.10 – Comparaison de deux domaines de résistances.
Configuration symétrique (cas A) ou asymétrique (cas B)
(En dehors de la zone d'adaptation)

IV.7 – Conclusions générales du chapitre IV

Le chapitre IV est consacré à la stabilité et à la dynamique d'un oscillateur élastoplastique parfait amorti et asymétrique, soumis à une excitation extérieure harmonique. On montre dans la première partie que le système hystérétique s'écrit comme un système autonome forcé. La dimension de l'espace des phases peut être réduite en utilisant des variables adéquates (vitesse et déplacement élastique). On examine les conditions à remplir par ce simple oscillateur asymétrique pour manifester l'effet de rochet. L'adaptation élastoplastique, qui peut se définir comme la capacité de l'oscillateur à converger vers un régime élastique stationnaire sans phases plastiques est aussi analysée. Cette propriété est très importante pour le système structurel, afin d'en assurer sa pérennité. La vibration forcée d'un tel oscillateur est analysée par une approche numérique. La stabilité de l'évolution périodique pour l'oscillateur périodiquement forcé est étudiée en utilisant les outils classiques des systèmes dynamiques non réguliers. Le raccordement de chaque solution par contre, est rarement possible de manière analytique, puisque le temps de transition entre chaque état est obtenu à partir d'une équation transcendante. La méthode de localisation des temps de transition est alors utilisée, en calculant le temps de transition à partir de la méthode de Newton-Raphson qui résout ces équations non linéaires. La frontière entre l'adaptation et le phénomène de rochet dynamique est obtenue et est similaire à celle du système symétrique. Les orbites avec deux phases plastiques par cycle sont caractérisées analytiquement. La stabilité des cycles limites est aussi analytiquement étudiée avec une approche de perturbation. Finalement, le taux de divergence (dans le cas de l'effet de rochet dynamique) est lié au paramètre qui caractérise l'asymétrie de résistance. Cela signifie que le taux de divergence est plus fort pour un oscillateur à forte asymétrie. A l'étude d'un tel modèle, où le paramètre d'asymétrie supposé positif, induit une résistance en compression plus grande que celle en traction, on peut retenir qu'une configuration symétrique est facteur de stabilisation. A l'opposé, une configuration asymétrique génère l'effet de rochet dynamique (en dehors de la zone d'adaptation). Ce principe peut conduire à certaines conclusions peu intuitives, à savoir que l'augmentation d'un domaine de résistance peut déstabiliser un système structurel, ce qui est bien sûr, n'est pas vérifié pour un système statique, décrit par les outils traditionnels de l'analyse limite. Cette propriété additionnelle de symétrie, peut certainement être prise en compte, comme un paramètre supplémentaire, dans la philosophie de conception sismique

CONLUSION GENERALE
& PERSPECTIVES

CONCLUSION GENERALE

Le point de départ de l'ensemble des études présentées dans ce mémoire a eu pour impulsion, l'enjeu du dimensionnement sismique de structures du génie civil. Le dimensionnement au séisme se base généralement sur une approche quasi statique équivalente, menée à partir d'une analyse modale élastique. La non linéarité matérielle peut-être prise en compte au travers d'un coefficient global de comportement qui traduit l'aptitude de la structure à se déformer dans le domaine inélastique. Ce coefficient cache néanmoins des insuffisances fortes latentes dans la compréhension de ce type de systèmes. Pour certaines applications (en présence d'irrégularités), les hypothèses habituelles de calcul spectral sont manifestement inadéquates. Dans ces cas, il est possible moyennant une certaine complexité des modèles, de faire des calculs représentatifs de la réalité, en passant par un calcul non linéaire. La dynamique des systèmes non linéaires est un sujet en réalité difficile lié au caractère hystérétique de ce type de comportement. Dans ce contexte, nous nous sommes efforcés, dans le cadre de cette thèse, de nous positionner clairement dans un cadre déterministe, en concentrant la complexité du problème dans la loi de comportement et en admettant que la sollicitation périodique est déterministe. Nous nous consacrons à la dynamique des systèmes non linéaires déterministes, systèmes dont la non linéarité est une non linéarité matérielle. Les notions reprises de la dynamique des systèmes non linéaires peuvent participer au problème concret de la maîtrise, par l'ingénieur, des risques d'entraînement du système au-delà de ses résistances effectives, par exemple en analyse sismique.

Nous avons, dans un premier temps, effectué une recherche bibliographique détaillée pour :
- Présenter la dynamique des systèmes non linéaires;
- Comprendre la source des non linéarités en analyse sismique;
- Donner un historique des travaux sur les oscillateurs hystérétiques.

La revue bibliographique a mis en évidence que les systèmes dynamiques, sont apparus assez tôt dans l'histoire scientifique. On peut les reconnaître dans les premiers travaux de la mécanique donnant lieu à des équations différentielles. Les systèmes dynamiques n'ont été étudiés en tant que tels qu'assez tardivement. Schématiquement, un tel système est la donnée d'une loi d'évolution qui, à partir de conditions initiales, détermine le futur d'un phénomène.

La source des non linéarités rencontrées dans le domaine des vibrations des structures, est d'origine très diverse, classiquement classifiée en trois grandes familles. Notre étude, s'applique aux structures dont la non linéarité est matérielle, avec une loi de comportement inélastique, dont le modèle le plus élémentaire est le modèle élastoplastique bilinéaire, qui inclut le système élastoplastique parfait. Ce modèle peut être utilisé pour la compréhension du comportement au séisme de certaines structures du génie civil, comme les structures métalliques dont le comportement est inélastique. Il est préférable de réduire la structure à analyser à un nombre fini de degré de liberté. Plusieurs études ont été faites sur les oscillateurs plastiques à un degré de liberté, dont celle de T.K. Caughey qui reste sans doute l'un des pionniers de l'étude analytique de l'oscillateur élastoplastique.

L'objectif de l'étude était de dégager des zones comportementales de l'oscillateur reliées à la théorie moderne des systèmes dynamiques non linéaires. En particulier il s'agissait de montrer comment les propriétés mécaniques qui apparaissent pour certains paramètres du système se traduisent en terme de propriétés dynamiques du système lui-même. Ce modèle générique était utile pour comprendre le comportement sismique de certaines structures du génie civil.

En premier lieu, on a procédé à l'étude de la stabilité et de la dynamique d'un oscillateur élastoplastique parfait symétrique, non amorti, à un seul degré de liberté sollicité par une pulsation harmonique. En utilisant des variables internes appropriées, le système hystérétique dynamique est écrit comme un système autonome non régulier. La vibration libre du système non linéaire est simplement réduite à un mouvement périodique (ceci contraste avec la stabilité asymptotique dans le cas de l'oscillateur amorti). Dans ce cas, un cycle limite élastique est mis en évidence. Ce résultat généralise la conclusion de (Pratap et al, 1994) pour l'oscillateur élastoplastique parfait.

Le comportement de l'oscillateur élastoplastique forcé est plus complexe. Des mouvements périodiques et quasi périodiques ont été observés numériquement. L'adaptation élastoplastique est seulement contrôlée par les paramètres structuraux des termes forcés.

Un diagramme de bifurcation est mis en évidence numériquement et des cycles limites périodiques sont trouvés pour des paramètres structuraux spécifiques, pour le cas de l'accomodation. Ces cycles limites sont asymptotiquement stables. La frontière de bifurcation sépare l'adaptation (courbe limite élastique qui dépend des conditions initiales) et le phénomène de l'accomodation (cycles limites stables). En conclusion de cette partie, nous sommes parvenus à lier les propriétés dynamiques (la stabilité, et autre attracteur périodique) aux propriétés mécaniques (l'adaptation élastique, et l'accomodation) en utilisant ce système à un seul degré de liberté. Cette étude a été enrichie par la suite par l'introduction d'un amortissement visqueux. Ce paramètre peut être facilement ajouté dans le modèle sans modifier la procédure numérique.

Pour l'oscillateur élastoplastique parfait symétrique, amorti, à un seul degré de liberté excité harmoniquement, le système hystérétique est aussi écrit comme un système autonome non régulier en utilisant les variables internes appropriées précédemment introduites. En vibration libre, la stabilité asymptotique du point origine est retrouvée dans le nouvel espace des phases. Du fait de l'amortissement, le système restera dans un état élastique final, jusqu'à sa stabilisation. Cela signifie que dans les deux cas (avec ou sans phase plastique intermédiaire), l'origine est asymptotiquement stable pour le système amorti. On montre aussi l'existence d'une paroi potentielle analogique du système élastoplastique dans ce cas là, qui est obtenue avec une perturbation conduisant à une phase plastique transitoire. En vibration forcée et pour retrouver les temps de transition pour chaque zone (chaque état), pour des conditions initiales spécifiées, le simulateur détermine les temps de transition en utilisant simplement la méthode de Newton Raphson. Pour cette étape, l'analyse numérique est seulement faite pour un taux d'amortissement positif. Toutes les trajectoires, que ce soit en adaptation élastique ou en accommodation plastique, tendent vers une orbite périodique considérée comme 'cycle limite' dans l'espace des phases réduit $(v, \dot{u})$, avec pour principaux résultats :

- L'adaptation est décrite par un cycle limite régulier;
- l'accommodation est décrite par des cycles limites non réguliers.

On peut dire que ces résultats représentent une des caractéristiques liées à l'oscillateur élastoplastique symétrique.

Ces cycles limites ne dépendent pas des conditions initiales. Tandis que le déplacement total, lui, dépend des conditions initiales. On confirme que l'espace de phase initial $(u, u_p, \dot{u})$ ne peut pas être associé à des cycles limites. En réalité, les orbites sont complètement caractérisées dans l'espace réduit $(v, \dot{u}, \tau)$. Les simulations numériques montrent que ces orbites périodiques sont asymptotiquement stables pour toutes les perturbations. Tous les cycles limites sont symétriques (symétrie centrale). Et on déduit que les formes des cycles limites dépendent des paramètres structuraux dynamiques (f_0, ω, ζ). Ce qui finalement lie les propriétés dynamiques du système aux propriétés mécaniques, avec une frontière de bifurcation. Cette étude est enrichie par l'introduction d'un chargement périodique asymétrique dans le cas de l'oscillateur élastoplastique parfait. La procédure numérique n'est pas affectée par ce terme asymétrique.

Enfin, on traite de la stabilité et de la dynamique de l'oscillateur élastoplastique parfait amorti et asymétrique, soumis à une excitation extérieure harmonique. Il est démontré que la dimension de l'espace des phases peut être réduite en utilisant les mêmes variables adéquates (un système autonome forcé). On examine les conditions à remplir par ce simple oscillateur asymétrique pour manifester l'effet de rochet. L'adaptation élastoplastique, qui peut se définir comme la capacité de l'oscillateur à converger vers un régime élastique stationnaire sans phases plastiques est aussi analysée. Cette propriété est très importante pour le système structurel, afin d'en assurer sa pérennité. La vibration forcée d'un tel oscillateur est analysée par une approche numérique. L'évolution périodique de la stabilité pour l'oscillateur périodiquement forcé est étudiée en utilisant les outils classiques des systèmes dynamiques non réguliers. Le raccordement de chaque solution par contre, est rarement possible de manière analytique, puisque le temps de transition entre chaque état est obtenu à partir d'une équation transcendante. La méthode de localisation des temps de transition est alors utilisée, en calculant le temps de transition à partir de la méthode de Newton-Raphson qui résout ces équations non linéaires.

La frontière entre l'adaptation et le phénomène de rochet dynamique est obtenue et est similaire à celle du système symétrique. Les orbites avec deux phases plastiques par cycle sont caractérisées analytiquement.

La stabilité des cycles limites est aussi analytiquement étudiée avec une approche de perturbation à l'aide d'un coefficient d'amplification de la perturbation. Finalement, le taux de divergence (dans le cas de l'effet de rochet dynamique) est lié au paramètre qui caractérise l'asymétrie de résistance.

On trouve que le taux de divergence est plus fort pour un oscillateur à forte asymétrie. A l'étude d'un tel modèle, où le paramètre d'asymétrie supposé positif, induit une résistance en compression plus grande que celle en traction, on peut retenir qu'une configuration symétrique est facteur de stabilisation. A l'opposé, une configuration asymétrique génère l'effet de rochet dynamique (en dehors de la zone d'adaptation). Ce principe peut conduire à certaines conclusions peu intuitives, à savoir que l'augmentation d'un domaine de résistance peut déstabiliser un système structurel, ce qui est bien sûr, n'est pas vérifié pour un système statique, décrit par les outils traditionnels de l'analyse limite. Cette propriété additionnelle de symétrie, peut certainement être prise en compte, comme un paramètre supplémentaire, dans la philosophie de conception sismique. Ce thème dont le but avait pour ambition d'apporter quelques éclairages sur le comportement des structures inélastiques soumises à des sollicitations périodiques de type sismique a finalement abouti à dégager des zones comportementales de celles ci par une rhéologie dynamique.

PERSPECTIVES

Les perspectives suivantes peuvent être envisagées pour prolonger ce travail:

- Concernant le modèle:
    - La prise en compte dans le modèle de l'écrouissage plastique et de l'endommagement;
    - Des sollicitations plus complexes, type bi-sinusoïdales ou bi-harmoniques ou un cas de séisme réel.
- Pour ce qui est des applications:
    - Mettre au point un procédé expérimental pour la validation des résultats numériques.

BIBLIOGRAPHIE

BIBLOGRAPHIE

ADHIKARI S. - Dynamic response characteristics of a nonviscously damped oscillator. Journal of Applied Mechanics, Vol.75, janvier 2008.

AHN II-S., CHEN S.S. & DARGUSH G.F. - Dynamic Ratcheting in Elastoplastic Single-Degree-of-Freedom systems. Journal of engineering mechanics, p. 411-421, avril 2006.

AWREJCEWICZ J & LAMARQUE C.H. - Bifurcations and chaos in nonsmooth mechanical systems. World Scientific, Singapore, 2003.

BERGE P., POMEAU Y. & VIDAL C. - L'ordre dans le chaos. Hermann, Paris, 1984.

BIRMAN J.S. & WLLIAMS R.F. - Knotted periodic orbits in dynamical systems. 1: Lorenz's equations. Topology, 22, p. 47-82, 1983.

BORINO G. & POLIZOTTO C. -Dynamic shakedown of structures with variable appended masses and subjected to repeated excitations. Int. J. Plasticity, 12, 2, p.215-228, 1996.

CAPECCHI D. - Asymptotic motions and stability of the elastoplastic oscillator studied via maps. Int. J. Solids Structures, 30, 23, p. 3303-3314, 1993.

CAPECCHI D. & VESTRONI F. - Periodic response of a class of hysteretic oscillators, International Journal of non-linear Mechanics 25, 2-3, 309-317, 1990.

CAPECHI D. & DE FELICE G. – Hysteretic systems with internal variables. J. Eng. Mech., 127, 9, p. 891-898, 2001.

CAUGHEY T.K. - Sinusoidal excitation of a system with bilinear hysteresis, Journal of Applied Mechanics 27, 4,649-652, 1960.

CHABOCHE J.L. - Modeling of ratchetting: evaluation of various approaches. Eur. J. Mech., A/Solids, 13, p 501–518, 1994.

CHALLAMEL N. - A gradient plasticity approach for steel structures. C. R. Mécanique, 331, p. 647-654, 2003.

CHALLAMEL N. - Dynamic analysis of elastoplastic shakedown of structures. Int. J. Structural Stability and Dynamics, 5, 2, p. 259-278, 2005.

CHALLAMEL N. & HJIAJ M. - Non-local behaviour of plastic softening beams. Acta Mechanica, 178, 3-4, 125-146, 2005.

CHALLAMEL N. & PIJAUDIER-CABOT G. - Stability and dynamics of a plastic softening oscillator, Int. J. Solids Structures, 43, 5867-5885, 2006.

CHALLAMEL N., LANOS C., HAMMOUDA A. & REDJEL B. - Stabilité d'un oscillateur élastoplastique sollicité par une pulsation harmonique, Congrès Français de Mécanique, Grenoble, 2007.

CHALLAMEL N., LANOS C., HAMMOUDA A. & REDJEL B. - Stability analysis of dynamic ratcheting in elastoplastic systems, Physical Review E, 75, 2, 026204, 1-16, 2007.

CHALLAMEL N., LANOS C., HAMMOUDA A. & REDJEL B. - Stability analysis of an elastoplastic oscillator, 1st International Conference on Computational Dynamics and Earthquake Engineering, COMPDYN, Rethymno, 2007.

CHALLAMEL N. & GILLES G. - Stability and dynamics of a harmonically excited elastic-perfectly plastic oscillator, J. Sound Vibration, 301, 608-634, 2007.

CHALLAMEL N. - A regularisation study of some ill-posed gradient plasticity softening beams problems. Journal of Engineering Mathematics, in press, 2008.

CHALLAMEL N., LANOS C. & CASANDJIAN C. – Some closed-form solutions to simple beam problems using non-local (gradient) damage theory, in press, Int. J. Damage Mech., 2008.

DUFFING G. - Erzwungene Schwingungen bei ver"anderlicher Eingenfrequenz und ihre technische Bedeutung. Friedr. Vieweg & Sohn, Braunschweig, 1918.

ENS Cachan, - OSCILLATEUR DE DUFFING – ENSC 334. Préparation à l'Agrégation de Physique, Mardi 5 juin 2001.

ERLICHER S. & POINT N. – Endochronic theory, non-linear kinematics hardening rule and generalized plasticity: a new interpretation based on generalized normality assumption. Int. J. of Solids and Structures, 43, p. 4175 - 4200, 2005.

FEYNMAN R.P., R.B. LEIGHTON R.B. & M. SANDS M. - The Feynman Lectures on Physics (Addison-Wesley, Reading, MA), Vol. 1, Chap. 46.1966.

FUMAGALLI E. - Essais de structures. Technique de l'ingénieur, Construction, C 2070, 1984.

GREBOGI C., OTT E., PELIKAN S. & YORKE J.A. – Strange attractors that are not chaotic. Physica D, 13, p. 261-268, 1984.

HAGEDORN P. - Non-linear oscillations. Oxford Science Publications, 283 p., 1978.

HAMMOUDA A. – Analyse de stabilité d'un oscillateur élastoplastique amorti sollicité par une pulsation harmonique- Effet de rochet. Acte du congre de l'AUGC, Nancy 4-5 juin, 2008.

IWAN W.D. - The steady-state response of the double bilinear hysteretic model, Journal of applied Mechanics 32, p 921-925, 1965.

JACOBSEN L.S. - Dynamic behaviour of simplified structures up to the point of collapse, Proceeding, Symposium Earthquake and Blast Effects on Structures, p 94-113, 1952.

JENNINGS P.C - Periodic response of a general yielding structure, Journal of Engineering Mechanics 90, p 131-166, 1964.

KOITER W.T. - General theorems for elastic-plastic solids. Progress in Solid Mechanics, 1, p. 165-221, 1960.

KORSCH H.J. & JODL H.J. – Chaos: A Program Collection for the PC. Springer, Berlin, chap. 8, 1998.

LEIPHOLZ H. - An Introduction to the Stability of Dynamic System and Rigid Bodies, ACADEMIC PRESS, New York and London, 1970.

LEMAITRE J. & CHABOCHE J.L. - Mechanics of solid materials, Cambridge University Press, Cambridge, 1990.

LIU C-S. & HUANG Z-M. - The steady state response of s.d.o.f. viscous elasto-plastic oscillator under sinusoidal loading, Journal of Sound and Vibration, 273, p 149-173, 2004.

LORENZ E.N. – Deterministic nonperiodic flow. Journal of Atmospheric Science, 20, p 130-141, 1963.

LUO A.C.J. - On the symmetry of solutions in non-smooth dynamical systems with two constraints, Journal of Sound and Vibration 273, p 1118-1126, 2004.

MAIER G., CARVELLI V. & COCCHETTI G. - On direct methods for shakedown and limit analysis. Eur. J. Mech. A/Solids, 19, p. 79-100, 2000.

MANNEVILLE P. - Dissipative structures and weak turbulence. Perspectives in Physics. Academic Press Inc., Boston, 1990.

MASRI S.F. & CAUGHEY T.K. - A non parametric identification technique for nonlinear dynamic problems. J. Appl. Mech. **46**, p 433 – 447. 1979.

MASRI S.F. & CAUGHEY T.K. – on the stability of impact dampers. Journal of Applied Mechanics 33, 4, 586-592, 1966.

MAZZOLANI F.M. & PILUSO V. - Theory and design of seismic resistant steel frames. Chapman & Hall, p. 497, 1996.

MILLER G.R. & BUTLER M.E. - Periodic response of elastic-perfectly plastic SDOF oscillator. Journal Engineering Mechanics 114, 3, p 536-550, 1988.

MINORSKY N. - Non-linear mechanics. Edward Brothers, Michigan, 1947.

MROZ Z. & ZARKA J. - Relations de comportement des métaux sous chargements cycliques, Matériaux et Structures sous chargements cycliques, presse de l'ENPC, 1978.

POINCARE H. - Sur le problème des trois corps et les équations de la dynamique. Mémoire couronné du prix de S.M. le roi Oscar II de Suède et de Norvège, nov. 1890.

POMEAU Y. - Intermittent transition to turbulence in dissipative dynamical systems. Communications in Mathematical Physics, 74, p. 189-197, 1980.

PRATAP R., MUKHERJEE S. & MOON F.C. - Dynamic behaviour of a bilinear hysteretic elasto-plastic oscillator, Part I: Free oscillations, Journal of Sound and Vibration 172,3, p 321-337, 1994.

REIMANN P., - Introduction to the physics of Brownian motors Phys. Rep., 361, 57, 2002.

RÖSSLER O.E. – An equation for continuous chaos. Physics Letters A, 57, p. 387-398, 1976.

RUELLE D. – Strange attractors. Mathematical Intelligencer, 2(3), p. 126-137, 1980.

RUELLE D. & TAKENS F. – On the nature of turbulence. Communications in Mathematical Physics, 20 (3), p. 167-192, 1971.

SALEÇON J. - Cours de calcul des structures anélastiques, calcul à la rupture et analyse limite, Presse de l'école nationale des ponts et chaussées, 1983.

SAVI M.A. & PACHECO P.M.C.L. - Non-linear dynamics of an elasto-plastic oscillator with kinematic and isotropic hardening, J. Sound and Vibration, 207, 2, p 207-226, 1997.

SHAW S.W. & HOLMES P.J. - A periodically forced piecewise linear oscillator, Journal of Sound and Vibration 90, p 129-155,1983.

SIVASELVAN M.V. & REINHORN A.M. – Hysteretic models for deteriorating inelastic structures. J. Eng. Mech., ASCE, 126, 6, p. 633-640, 2000.

SMALE S. – Differentiable dynamical systems. Bulletin of the American Mathematical. Society, 73, p. 747-817, 1967.

SOIZE S. - Problèmes classiques de dynamique stochastiques: méthodes d'études. Techniques de l'ingénieur, traité Sciences fondamentales, A1346, 1988.

SONG J. & DER KIUREGHIAN A - Generalized Bouc-Wen model for highly asymmetric hysteresis. J. Eng. Mech., **132**(6), p 610-618, 2006.

TANABASHI R. - Studies on nonlinear vibration of structures subjected to destructive earthquakes, World Conference on earthquake Engineering, Proceedings, Berkeley. California, p 61-67, 1956.

THOMAS O. & THOUVEREZ F. - Panorama des non linéarités rencontrées en vibration. Journée nationale des modes non-linéaires : définitions et applications, 18 Novembre 2005.

THOMPSON J.M.T. & STEWART H.B. - Nonlinear dynamics and chaos. Jhon wiley and Sons, 1986.

VALANIS K.C. – Fundamental consequences of a new intrinsic time measure plasticity as a limit of endochronic theory. Archives Mech., 32, 171, 1980.

ZASLAVSKY G.M. - Physics of chaos in Hamiltonian systems. Imperial College Press, 1998.

LISTES DES FIGURES

Listes des figures 140

Figure I.1 - Réalisation en électronique analogique d'un oscillateur de Duffing   15

Figure I.2 - Oscillateur harmonique amorti en vibration libre   17

Figure I.3 - Cycle limite   20

Figure I.4 - Comportement élastoplastique parfait symétrique $|F^+|=|-F^+|$ 24

Figure I.5 - Comportement élastoplastique parfait asymétrique $|F^+|\neq|F^-|$ 25

Figure I.6 – Adaptation   27

Figure I.7 – Accommodation   27

Figure I.8 – Rochet   27

Figure II.1 - Système élastoplastique sans amortissement   33

Figure II.2 - Loi incrémentale plastique pour ressort inélastique symétrique   34

Figure II.3 - Vibrations libres $f_0 = 0$ - Cycle limite élastique dans l'espace des phases $(v, \dot{u})$ 42

Figure II.4 - Vibrations élastiques pour $(v_0, \dot{u}_0) = (0,0)$; $\omega = 0.5$; $f_0 = 0.375$ 47

Figure II.5 - Accomodation - $(v_0, \dot{u}_0) = (0,0)$, $\omega = 0.5$, $f_0 = 0.6$ 48

Figure II.6 - Accomodation avec cycle limite: $(v_0, \dot{u}_0) = (0,0)$, $\omega = 0.5$, $f_0 = 1$.   49

Figure II.7 - Evolution de $\dot{u}$ dans le cas de l'accomodation: $(v_0, \dot{u}_0) = (0,0)$; $\omega = 0.5$; $f_0 = 1$.   50

Figure II.8 - Evolution de v dans le cas de l'accomodation: $(v_0, \dot{u}_0) = (0,0)$; $\omega = 0.5$; $f_0 = 1$.   51

Figure II.9 - Accomodation avec convergence vers un cycle limites: $(v_0, \dot{u}_0) = (0,1.5)$; $\omega = 0.5$; $f_0 = 1$.   52

Figure II.10 - Influence des conditions initiales sur le déplacement u: $\varsigma = 0$; $\omega = 0.5$; $f_0 = 1$.   53

Figure II.11 - Frontière entre adaptation et accomodation dans le plan des deux paramètres structuraux (ω, f_0).   54

Figure II.12 - Courbes limites élastiques quasi-périodiques:

$$(v_0, \dot{u}_0) = (0,0); \quad \omega = \frac{\sqrt{2}}{3}; \quad f_0 = 0.3.$$ 55

Figure II.13 - Cycles limites non-standards:

$$(v_0, \dot{u}_0) = (0,0); \quad \omega = 0.05; \quad f_0 = 1.1.$$ 56

Figure II.14 - Evolution de u dans le cas des cycles limites non-standards:

$$(v_0, \dot{u}_0) = (0,0); \quad \omega = 0.05; \quad f_0 = 1.1.$$ 57

Figure III.1 - Système élastoplastique avec amortissement. 61

Figure III.2 - Loi incrémentale plastique pour ressort inélastique symétrique. 62

Figure III.3 - Oscillations libres -stabilité asymptotique au point d'origine $(v, \dot{u}) = (0,0)$. 73

Figure III.4 - Adaptation plastique - $(v_0, \dot{u}_0) = (o, o); \zeta = 0.1; \omega = 0.5; f_0 = 0.6$. 80

Figure III.5 - Accommodation avec cycle limite - $(v_0, \dot{u}_0) = (0,0); \zeta = 0.1; \omega = 0.5; f_0 = 1$. 81

Figure III.6 - Adaptation élastoplastique avec convergence vers un cycle limite

pour différentes conditions initiales ; $\zeta = 0.1; \omega = 0.5; f_0 = 1$. 82

Figure III.7 - Accommodation avec convergence vers un cycle limite

pour différentes conditions initiales ; $\zeta = 0.1; \omega = 0.5; f_0 = 1$. 83

Figure III.8 - Influence des conditions initiales sur le déplacement total u

pour $\zeta = 0.1; \omega = 0.5; f_0 = 1 - u_0 = 0$. 84

Figure III.10 - Frontière entre adaptation et accommodation. 87

Figure III.11 - Frontière entre adaptation et accommodation

- Comparaison avec le diagramme de Liu et Huang (2004). 88

Figure III.12 - Orbites périodiques dans l'espace des phases: état stable stationnaire.

Temps de transition pour cycle limite 90

Figure IV.1 - Système élastoplastique avec amortissement. 101

Figure IV.2 - Loi incrémentale plastique pour ressort inélastique,

cas asymétrique : $|F^+| \neq |F^-|$. 102

Figure IV.3 - Adaptation élastoplastique: $\zeta = 0.1; f_0 = 0.4; \omega = 0.75; \varepsilon = 0.2$. 110

Figure IV.4 - Effet de rochet - $\zeta = 0.1; f_0 = 0.8; \omega = 0.75; \varepsilon = 0.05; u_0 = u_{p0} = \dot{u}_0 = 0$ 111

Figure IV.5 - Effet de rochet: $\zeta = 0; f_0 = 0.8; \omega = 0.75; \varepsilon = 0.; u_0 = u_{p0} = \dot{u}_0 = 0$ **112**

Figure IV.6 - Frontière entre l'adaptation élastoplastique et l'effet de rochet dans l'espace $(\omega, f_0); \varsigma \in [0, 0.1, 0.2, 0.3]; \varepsilon > 0$. **113**

Figure IV.7 - Détermination des temps caractéristiques pour l'orbite (1,2) –périodique : $\zeta = 0.1; f_0 = 0.6; \omega = 0.75; \varepsilon = 0.2$. **116**

Figure IV.8 - Evolution du facteur du taux de divergence $\overline{\dot{u}}$ par rapport au paramètre asymétrique $\varepsilon : \zeta = 0.1; f_0 = 0.8; \omega = 0.75$. **123**

Figure IV.9 - Evolution du facteur du taux de divergence $\overline{\dot{u}}$ par rapport au paramètre asymétrique ε : Effet de seuil du rochet: $\zeta = 0.1; f_0 = 0.8; \omega = 0.75$. **124**

Figure IV.10 - Comparaison de deux domaines de résistances. Configuration symétrique (cas A) ou asymétrique (cas B) **126**

Oui, je veux morebooks!
i want morebooks!

Buy your books fast and straightforward online - at one of world's fastest growing online book stores! Environmentally sound due to Print-on-Demand technologies.

Buy your books online at
www.get-morebooks.com

Achetez vos livres en ligne, vite et bien, sur l'une des librairies en ligne les plus performantes au monde!
En protégeant nos ressources et notre environnement grâce à l'impression à la demande.

La librairie en ligne pour acheter plus vite
www.morebooks.fr

 VDM Verlagsservicegesellschaft mbH
Heinrich-Böcking-Str. 6-8   Telefon: +49 681 3720 174   info@vdm-vsg.de
D - 66121 Saarbrücken   Telefax: +49 681 3720 1749   www.vdm-vsg.de

Printed by Books on Demand GmbH, Norderstedt / Germany